MÉMOIRE SUR LE FER

CONSIDÉRÉ

DANS SES DIFFÉRENS ÉTATS MÉTALLIQUES.

Par M.ʳˢ VANDERMONDE, BERTHOLLET, & MONGE.

Lû à l'Académie Royale des Sciences, au mois de Mai 1786.

A

MÉMOIRE SUR LE FER

CONSIDÉRÉ

DANS SES DIFFÉRENS ÉTATS MÉTALLIQUES.

LES propriétés que le Fer contracte par les diverses opérations qu'on lui fait subir dans les fabriques, sont si différentes les unes des autres ; les résultats des mêmes opérations dans différens établissemens, ont si peu d'analogie, & même les changemens introduits, ou à dessein ou par négligence, dans les opérations d'une même forge, en apportent de si grands dans la nature des résultats, qu'on a été long-temps à se persuader que le fer fût comme l'or, un métal constant : ce n'est que dans ces derniers temps, & d'abord par analogie, qu'on a été conduit à conclure que les variétés que l'on remarque dans les propriétés du fer, ou après les différentes opérations qu'on lui a fait subir, ou après les mêmes opérations dans différentes fabriques, ne viennent que des matières étrangères, métalliques ou autres, auxquelles il se trouve allié. Cette conclusion a été confirmée, du moins à quelques égards, par des découvertes postérieures ; par exemple, M. Bergman a découvert que le fer cassant à froid différoit du fer ductile, par un précipité blanc qu'on obtient de sa dissolution dans l'acide vitriolique, & qui n'a jamais lieu lorsqu'on dissout du fer doux dans cet acide. M. Meyer a fait voir que ce précipité, auquel on a donné le nom de *syderite*, étoit du sel phosphorique martial, & ce résultat a été confirmé à Mézières, par M.rs Clouet, Dulubre & Chalup, qui ont retiré le phosphore de ce précipité, par des procédés dont on a rendu compte à l'Académie. M. Clouet a aussi découvert que ce qui donne au fer la qualité d'être caſſant à chaud, eſt l'arſenic; du moins il a trouvé ce demi-métal dans le réſidu noir qui ſe trouve au fond des diſſolutions d'une eſpèce de fer caſſant à chaud dans l'acide vitriolique.

On feroit encore de grands pas dans cette carrière, ſi l'on déterminoit avec plus de ſoin qu'on ne l'a fait juſqu'à préſent quelles ſont les propriétés que donnent au fer les différentes matières, telles que la manganèſe, auxquelles on trouve ſouvent qu'il eſt uni en différentes proportions. Mais indépendamment de ces recherches, qui ſont d'ailleurs néceſſaires, le fer, conſidéré dans ſon état de pureté, ou du moins privé de toutes les ſubſtances métalliques étrangères, ſe préſente dans les Arts ſous quatre formes différentes. Il eſt fragile & fuſible au ſortir du fourneau; il eſt ductile & infuſible au ſortir de l'affinerie: par la cémentation, il prend le caractère remarquable de pouvoir acquérir à la trempe une extrême dureté; enfin la cémentation pouſſée trop loin, le rend fuſible de nouveau & intraitable au marteau. Quelles ſont les ſubſtances auxquelles le fer doit ſes propriétés dans ces quatre états différens? voilà la queſtion que nous nous ſommes propoſée; mais avant que de faire part de nos recherches, nous allons rapporter, ſur la fabrication du fer, quelques obſervations qui nous ont été utiles, & dont quelques-unes ſont nouvelles, & donner un extrait ſuccinct des découvertes faites par les chimiſtes qui nous ont précédés, & dont nous avons profité.

Fonte de la Mine.

La première opération que l'on fait ſubir au fer, eſt la fonte de ſa mine dans les hauts fourneaux, & la converſion de cette ſubſtance en régule. Si la mine de fer étoit ſimplement la chaux de ce métal, dégagée de toute combinaiſon, il ne faudroit la mêler dans le haut fourneau qu'avec du charbon qui, par la combuſtion, lui enleveroit l'air déphlogiſtiqué, & la ramèneroit, d'une manière plus ou moins exacte, à ſon état métallique. Mais dans la mine de fer, la chaux du métal n'eſt preſque jamais iſolée ; elle eſt preſque toujours unie à d'autres matières terreuſes peu fuſibles, & qui la défendent contre tout agent chimique extérieur. On eſt donc obligé de mêler la mine avec un fondant, qui la faiſant entrer en fuſion, met la chaux à découvert, & l'abandonne, pour ainſi dire, à l'action du charbon. Le réſultat de cette fuſion tombe dans le creuſet qui eſt immédiatement au-deſſous du vent des foufflets ; les matières terreuſes forment un verre plus ou moins coloré, plus ou moins opaque, qui furnage, & qu'on fait couler de temps en temps par un orifice ſupérieur, c'eſt ce qu'on nomme *le laitier*. Le fer en partie réduit ſe raſ-femble au fond, où il forme un bain liquide, défendu de la combuſtion par la couche de laitier qui le recouvre, & toutes les douze heures environ on le coule par un orifice inférieur, en gros lingots, ou on le verſe dans des moules, ſuivant ſa deſtination ; c'eſt ce qu'on nomme *fer coulé*.

Dans cet état, le fer eſt généralement caſſant, fuſible, & il a déjà des propriétés variables, non-ſeulement ſuivant les différentes matières qu'il peut avoir retenu de ſa gangue, & qui ne ſont point de notre objet, mais principalement ſuivant le régime qu'on a ſuivi dans la charge du fourneau. On a coutume alors de le diſtinguer en fonte blanche, en fonte griſe & en fonte noire, ſelon la couleur que préſente ſa caſſure.

La fonte blanche eſt brillante dans ſa caſſure, & criſtal-liſée en larges facettes ; elle eſt plus dure & plus fragile que les autres ; on ne l'emploie jamais pour des ouvrages qui doivent ſoutenir un certain effort, & qu'on doit enſuite réparer à l'outil.

La fonte griſe, dont la caſſure eſt matte & grenue, eſt plus flexible que la précédente, & elle ſe laiſſe plus faci-lement entamer. C'eſt de cette matière qu'on exige que ſoient faites les pièces d'artillerie de la Marine, qui doi-vent avoir aſſez de liant pour réſiſter à la violence de la poudre, & qui étant pour l'ordinaire coulées pleines , doivent être enfuite forées fur le tour. Cette fubftance eft aufli criftalline, mais fa criftallifation eft plus confufe que celle de la fonte blanche. L'un de nous s'eft trouvé dans une fonderie de fer où l'on couloit des canons de fonte grife pour le fervice de la Hollande, au moment où l'on fcioit une pièce de rebut, pour en remettre les tronçons au fourneau de réverbère. La fection paffoit précifément par une chambre ou fente plate, dirigée perpendiculairement à l'axe de la pièce, & qui avoit été occafionnée vraifemblablement par la retraite du métal. Les parois de cette chambre étoient mamelonées d'une manière uniforme, & les mamelons étoient hériffés d'une criftallifation régulière.

Enfin la fonte noire eft encore plus âpre dans fa caffure; elle eft compofée de molécules moins adhérentes & qui s'émiettent avec plus de facilité; elle n'a d'autre emploi que d'être refondue avec de la fonte blanche.

Ces trois caractères principaux du fer coulé, n'ont aucun rapport avec les qualités du fer forgé qui doit en réfulter par l'affinage. De quelque couleur que foit la fonte, on ne fauroit juger au coup-d'œil quelle fera la nature du fer qu'on en obtiendra; & de quelque nature que foit la mine, on peut toujours donner à la fonte celui des trois caractères précédens que l'on voudra. Si dans la fufion de la mine, on emploie le moins de charbon qu'il eft poffible, la fonte eft blanche; elle devient grife lorfque, dans la charge du fourneau, on a fuffifamment augmenté les dofes de charbon; enfin elle eft noire lorfqu'on force l'emploi de ce combuftible. Ainfi le charbon eft la feule caufe de la couleur que préfente la caffure de la fonte, & il contribue pour beaucoup à la ductilité imparfaite dont elle jouit, & à la facilité plus ou moins grande avec laquelle elle fe laiffe entamer.

Dans quelques ateliers, on eft obligé de refondre le fer coulé, dans les fourneaux de réverbère, foit pour fe procurer une plus grande quantité de matières dans la coulée des grandes pièces, foit pour fondre des pièces qu'on n'exé-

cuteroit pas avec le même foin dans les hauts fourneaux.
Toutes les fois qu'on refond de cette manière de la fonte
qui d'abord étoit grife, & fur-tout lorfqu'on lui donne un
grand coup de feu pour la rendre plus fluide, non-feulement
elle devient de plus en plus blanche, mais encore elle approche davantage de la nature du fer forgé ; comme fi le
charbon auquel elle devoit d'abord fa couleur, en fe con-
fumant fans le contact de l'air, détruifoit en partie ce qui
lui donnoit de la fufibilité.

Le fer, comme on fait, eft combuftible, il fe calcine à
l'air libre, & mieux encore dans l'air déphlogiftiqué : mais
lorfqu'on fait rougir de la fonte à l'air, jufqu'à l'incan-
defcence, foit dans une forge de ferrurier, foit au foyer
d'une lentille ardente, fa combuftion préfente un phénomène qu'on n'obferve pas avec le fer ordinaire ; elle lance
de toutes parts une foule d'étincelles qui fe fuccèdent perpétuellement, & qui fe divifent en l'air lorfqu'elles font
déjà loin de la maffe ; & cet effet eft d'autant plus confidérable que la fonte eft plus grife.

Dans les fourneaux où l'on coule les bombes & les
boulets pour le fervice de l'artillerie, & où la fonte que
l'on emploie eft moyenne entre la blanche & la grife,
on puife le métal dans le creufet avec de grandes cuillers
de fer forgé, & enduites d'argile pour empêcher leur diffolutions dans la matière qu'elles doivent contenir. Ces maffes
épaiffes, toujours plus froides que le fer fondu, refroidiffent
celui qui les touche, & durciffent les portions qui, dans
le métal, font les moins fufibles ; & lorfqu'on a verfé la
charge dans le moule, la cuiller eft toujours tapiffée, dans
l'intérieur, d'une couche affez confidérable de plombagine
difpofée par petites lames, à peu-près comme du mica ; & la
quantité de cette fubftance eft toujours plus grande quand
la fonte eft plus grife, c'eft-à-dire, quand on a mis plus de
charbon dans la charge du fourneau. Quant à la nature de
ce produit, elle eft la même que celle de la plombagine des
crayons d'Angleterre, elle eft douce au toucher, elle laiffe

des traces fur le papier, & elle réſiſte à l'action du feu des hauts fourneaux lorſqu'elle eſt à l'abri du contact de l'air.

Affinage du Fer coulé.

La ſeconde opération que l'on fait ſubir au fer eſt l'*affinage*, ou ſa converſion de l'état de fer coulé à celui de fer forgé. Pour cela, on place la fonte au foyer d'une forge, au milieu des charbons animés par le vent de deux ſoufflets; d'abord elle s'y fond, puis l'affineur qui la ramène perpétuellement au vent, l'entretient pendant pluſieurs heures à une très-haute température, & renouvelle ſes contacts avec le charbon; elle perd peu-à-peu ſa fuſibilité, elle prend l'état pâteux, & l'ouvrier en forme une eſpèce de maſſe qu'on appelle *loupe*. Cette loupe eſt enſuite portée ſous le gros marteau qui, par une forte compreſſion, en exprime & lance au loin toutes les parties qui étant encore trop fuſibles participent trop de la nature du fer coulé: ce qui reſte ſur l'enclume, s'a- longe ſous le marteau, & à pluſieurs repriſes prend enfin la forme de barre qui peut dès-lors entrer dans le com- merce, ſous le nom de *fer forgé* ou de *fer affiné*.

Par l'opération que l'on vient de décrire, les propriétés du fer ſont bien changées; auparavant il étoit fragile, il s'écraſoit au lieu de s'alonger ſous le marteau, & il prenoit au feu une liquidité parfaite; actuellement il eſt ductile, il s'alonge ſous le marteau, on peut le plier, le fendre, le laminer, le paſſer à la filière; enfin il n'eſt plus fuſible, & le feu le plus violent de nos ateliers ne peut que l'amollir & l'amener à l'état pâteux *(a)*. Cependant il n'a pas encore

toute

(a) Lorſque nous diſons que le fer parfaitement affiné eſt infuſible, nous n'entendons pas parler d'une manière rigoureuſe. Il eſt au contraire très-probable que le fer forgé qui prend l'état pâteux au feu de nos forges, & qui s'amollit encore davan- tage à meſure que la température augmente, entreroit enfin en une véritable fuſion, ſi l'on avoit quel- que moyen d'exciter & de ſoutenir une température beaucoup plus haute. Nous avons même eu occaſion de nous en aſſurer à la fonderie du Creuzot près Montcenis en Bour- gogne, où l'on a établi depuis peu

des

toute la ductilité dont il est susceptible; sa cassure est encore brillante & lamelleuse: mais l'opération chimique est faite, & pour acquérir le reste de ductilité qui lui manque, il ne doit pas changer de nature, & il n'a besoin que d'une opération purement mécanique. En effet, en le faisant chauffer pour l'alonger à plusieurs reprises sous le marteau, & en le repliant sur lui-même pour l'alonger encore, on fait perdre à ses molécules l'arrangement déterminé par la cristallisation, on les dispose pour ainsi dire en long; la barre, devenue enfin beaucoup plus flexible, ne se casse qu'après plusieurs plis en sens contraire, & la cassure qu'elle présente est sombre & fibreuse; c'est à ces fibres qu'on donne ordinairement le nom de *nerf*. Le fer alors n'a plus rien de l'aigreur qu'il avoit dans l'état de fonte; il est doux au couper, & quoique ce ne soit pas encore une substance parfaitement pure, c'est au moins le fer dans le plus grand état de pureté que nous connoissions.

Ce qui prouve que les fibres de la cassure du fer doux

---

des fourneaux chauffés à la manière angloise, avec du charbon de terre, & soufflés par des machines à feu. Les grandes dimensions de ces fourneaux, la vîtesse & le volume du vent à la tuyère, & la densité du charbon, font que la température du foyer est beaucoup plus élevée que celle des fourneaux ordinaires des autres forges. Nous avons exposé à cette température, par l'orifice de la tuyère, des barres carrées d'excellent fer de Franche-Comté, de neuf lignes de côté, & en moins d'une minute les barres se sont fondues & ont coulé dans le creuset. Nous avons d'abord pensé que ces barres ne s'étoient fondues que parce qu'elles avoient été auparavant calcinées par le vent de la tuyère, dont la densité est très-grande; nous croyons même encore que cette

cause a contribué pour beaucoup au moins à la rapidité du phénomène; mais en introduisant par le gueulard des barres semblables, placées verticalement, & qui descendoient avec les charges, nous avons trouvé, en les retirant, que celles qui étoient descendues environ de dix à douze pieds dans le fourneau, avoient été réellement fondues par leurs extrémités inférieures. Or, il s'en falloit encore au moins dix à douze pieds que ces barres n'eussent atteint le foyer du fourneau, & il n'étoit pas possible qu'elles eussent rencontré de l'air déphlogistiqué, capable d'opérer, même en partie leur calcination; donc le fer affiné est fusible sans addition, mais à une température plus élevée que celles que nous avons coutume d'exciter dans nos ateliers.

B

ne font que l'effet mécanique de l'alongement forcé que l'on fait prendre à ce métal fous les coups du marteau, ou en le paffant au laminoir, à la filière, &c. c'eft, 1.° que toutes les fois qu'on fait chauffer du fer fibreux, & qu'on l'amollit au point que fes molécules puiffent céder à la force qui tend à les faire criftallifer d'une certaine manière, ces fibres difparoiffent fans que le fer ait rien perdu de fes autres qualités; 2.° qu'en l'alongeant de nouveau par les mêmes moyens, on rétablit les fibres, & on lui rend le *nerf* qui avoit été détruit. Ainfi l'état fibreux du fer forgé ne tient point à fa nature; cependant lorfque ce métal eft caffant à froid & qu'il contient de la fydérite, il eft beaucoup moins difpofé à prendre cet état, foit parce qu'alors il eft plus fufible & qu'il peut plus facilement paffer à l'état criftallin, foit parce qu'il eft moins fufceptible d'extenfion; & s'il prend des fibres, elles font généralement plus courtes que celles que prend le fer doux dans les mêmes circonftances.

L'objet principal de tous les procédés de l'affinerie, c'eft-à-dire, la converfion de la fonte en fer en barres, eft donc le réfultat de deux opérations très-diftinctes; l'une, qui eft purement chimique, s'exécute dans le creufet de l'affinerie, elle a pour but d'ôter à la fonte fa fufibilité & de la ramener à l'état malléable, c'eft l'*affinage* proprement dit; & lorfque le fer a fubi cette première opération, on a coutume de dire qu'il a *pris nature*. L'autre, qui eft entièrement mécanique, a le double effet d'opérer par la compreffion une efpèce de dépuration, & de donner au fer la forme de barres, fous laquelle il eft le plus fouvent employé; c'eft le *martelage*. De ces deux opérations, la première eft feule de notre objet; il nous fuffit, quant à la feconde, d'avoir bien diftingué fes effets particuliers.

Les différentes fontes ne font pas toutes également faciles à affiner. En général, les fontes blanches prennent nature plus facilement que celles qui font grifes; il ne fuffit pas pour celles-ci de renouveler leur contact avec les charbons, il faut encore les ramener perpétuellement au vent des foufflets. C'eſt cette difficulté d'affiner la fonte griſe, qui fait qu'on n'emploie cette ſubſtance que pour les objets qui doivent être coulés, & qui dans cet état doivent enſuite être remaniés à l'outil.

L'eſpèce de charbon n'eſt pas indifférente pour l'affinage. L'uſage conſtant des Maîtres de forges qui ont des fourneaux & des affineries, eſt de deſtiner au fourneau les charbons de bois de chêne, & de réſerver pour l'affinerie ceux de hêtre & des autres bois blancs, dont la combuſtion eſt plus facile.

Cémentation du Fer.

SANS quitter l'état métallique, le fer forgé peut, en vertu d'une troiſième opération, changer encore confidérablement de nature & acquérir de nouvelles propriétés très-remarquables. Si l'on ſtratifie des barreaux de ce métal dans des caiſſes d'argile, avec du charbon, auquel on ajoute pour l'ordinaire d'autres ſubſtances, dont l'eſpèce & les doſes varient dans les différentes fabriques, & qu'après avoir couvert & luté ce vaſe, on l'expoſe à l'action d'un feu vif, mais dont l'intenſité & la durée ſont déterminées ; après le refroidiſſement, on trouve que par cette opération, qu'on appelle *cémentation*, les barres ont éprouvé au moins un commencement de fuſion ; elles ſont beaucoup plus fragiles qu'elles n'étoient auparavant, non-ſeulement leur caſſure, qui n'a plus de fibres, eſt redevenue brillante & lamelleuſe, ce qui ne ſeroit que l'effet naturel de la haute température qu'on leur a fait ſubir, favoriſé, comme nous le verrons par la ſuite, par le contact de la matière charbonneuſe, mais encore elles ont changé de nature & de compoſition ; elles ont augmenté de poids, & leurs propriétés ſont changées ; c'eſt de l'*acier*.

Au ſortir du cément, ce métal ſe nomme *acier poule* ; ſa ſurface eſt pour l'ordinaire bourſouflée, ſa maſſe eſt parſemée de cavités plus ou moins grandes : il eſt clair que pendant l'opération il s'eſt dégagé du fer un fluide élaſtique qui a ſoulevé les parties du métal, & que le métal eſt devenu aſſez fluide pour permettre ce dégagement, qui mériteroit le nom d'*effervefcence* s'il étoit plus abondant.

Dans l'état où les barres ſont alors, elles ne peuvent pas encore être employées à l'uſage auquel on les deſtine ; il faut les forger, c'eſt-à-dire, rapprocher à coups de marteau, & ſouder à chaud les parties que les bulles de l'effervefcence avoient ſéparées. Cette opération mécanique change la contexture des parties du métal, comme elle change celle du fer doux ; mais elle ne donne pas de fibres à l'acier, elle lui donne du *grain*, c'eſt-à-dire, qu'après avoir été forgé, la caſſure de l'acier n'eſt plus brillante & lamelleuſe, elle eſt griſe & grenue.

En ſe convertiſſant en acier, non-ſeulement le fer devient plus fragile & plus dur, il prend encore de la fuſibilité ; dans le même feu, il acquiert plus de molleſſe que le fer doux, & lorſqu'on pouſſe la température, on le fait entrer en véritable fuſion ; il prend donc quelques-uns des caractères de la fonte. Nous verrons cependant par la ſuite que ces deux ſubſtances ont des différences eſſentielles.

La principale propriété de l'acier, & celle pour laquelle on donne au fer ce nouveau caractère, eſt qu'étant d'abord rougi juſqu'à un certain point, puis refroidi bruſquement par une immerſion ſubite dans l'eau froide, il contracte une dureté en vertu de laquelle il entame le verre & toutes les ſubſtances de la Nature, excepté les pierres étincelantes, auxquelles on ne donne ce nom que parce qu'elles ont à leur tour aſſez de dureté pour l'entamer lui-même.

Cette immerſion de l'acier rougi, à laquelle on donne le nom de *trempe*, ne change en aucune manière la nature du métal ; elle n'altère pas ſa compoſition, elle ne lui tranſmet une ſi grande dureté, que par une opération qui eſt encore pour ainſi dire mécanique. La promptitude du refroidiſſement, ou la retraite ſubite de la matière de là chaleur, qui tenoit les molécules de l'acier rougi à une certaine diſtance les unes des autres, laiſſe une plus grande énergie à la force qui tend à les rapprocher. Ces molécules ſe joignent en vertu d'une force accélératrice plus grande ou moins gênée; elles ſe rapprochent davantage, & elles contractent plus d'adhérence les unes pour les autres : mais comme la force qui occaſionne ce rapprochement, n'agit qu'à des diſtances inſenſibles, la maſſe entière ne participe pas à cette condenſation, elle conſerve même un plus *grand volume* & une denſité moindre, & elle eſt beaucoup plus fragile; c'eſt-à-dire, que dans l'acier trempé, les contacts des molécules ſont plus rapprochés & moins nombreux, les élémens ſecondaires ſont plus durs, & leur adhérence eſt moindre. Enfin, pour nous ſervir d'une comparaiſon que nous employons ſeulement pour nous mieux faire entendre, & que nous ne deſirons pas qu'on prenne à la rigueur, c'eſt à peu-près comme le grès, qui eſt compoſé de grains de quartz qui ſont très-durs, & qui peuvent entamer l'acier trempé, mais dont l'adhérence eſt beaucoup moins conſidérable, & qui peuvent ſe ſéparer par de petits chocs ſans ſe diviſer.

Quoi qu'il en ſoit de cette explication, il eſt facile de prouver que la trempe ne change en aucune manière la compoſition de l'acier; car ſi l'on fait *recuire* l'acier trempé, c'eſt-à-dire, ſi on le fait chauffer juſqu'à le faire rougir, ce qui remet les molécules à la diſtance qu'elles avoient immédiatement avant la trempe, & qu'enſuite on le laiſſe refroidir lentement, il ne prend plus cette dureté qui caractériſe l'acier trempé, il reſte acier doux; on peut le tremper & le recuire de nouveau tant de fois qu'on voudra, ſans que dans toute cette ſuite d'opérations il éprouve la moindre altération que l'on doive attribuer à la trempe en particulier.

Dans les différens emplois que l'on fait de l'acier trempé, il n'eſt pas néceſſaire qu'il ait le même degré de dureté; l'uſage à cet égard eſt de le tremper très-dur d'abord, puis de l'adoucir enfuite au degré que l'on defire, par un recuit. Pour cela, on le fait chauffer fur des charbons, ou fur une maffe de fer rouge ; en paffant par les différentes températures, il prend fucceffivement les couleurs fuivantes, *jaune pâle, jaune d'or, pourpre, violet, bleu-clair,* & *couleur d'eau.* On s'arrête à celle fous laquelle on fait par expérience qu'il acquiert la dureté convenable à l'objet, & on le plonge enfuite dans l'eau froide. Ces couleurs que, par le recuit, l'acier trempé prend à fa furface, font l'effet d'un commencement de calcination ; & parce qu'elles fe manifeftent pour l'acier, d'une manière non-feulement plus marquée que pour le fer, mais encore par des températures beaucoup moins élevées, il s'enfuit que l'acier eft, comme la fonte, beaucoup plus combuftible que le fer.

La fonte & l'acier ont encore d'autres analogies ; par exemple, lorfqu'on fait rougir à blanc de l'acier en plein air, dans une forge, ou au foyer d'une lentille ardente, il brûle en jetant au loin des étincelles qui fe fuccèdent continuellement, & ces étincelles ont abfolument la forme de celles que jette la fonte grife dans les mêmes circonftances. C'eft à caufe de cette facilité à fe brûler, que les ouvriers qui forgent l'acier, le faupoudrent de fable, qui, par la fufion, fait un vernis fous lequel le métal eft à l'abri du contact de l'air.

M. Rinman a obfervé que fi l'on met une goutte d'acide nitreux fur de l'acier, après qu'elle a corrodé le métal, elle laiffe une tache noire fur fa furface, tandis que fur du fer doux, l'endroit où l'on a mis de l'acide ne change pas de couleur. La même chofe arrive à de la fonte, & dans ce cas, la tache eft d'autant plus noire, que la fonte eft plus grife : cette obfervation prouve au moins que les parties qui conftituent la fonte & l'acier, ne font pas entièrement folubles dans les acides ; mais ces deux fubftances ont des différences effentielles. Nous avons vu que par l'effet d'une haute température, la fonte, fi elle eft grife, devient blanche, & s'approche davantage de l'état de fer forgé ; au contraire,

l'acier défendu du contact de l'air & de toutes les matières
qui pourroient exercer sur lui quelqu'action, soutient les
plus hautes températures, & peut y être exposé long-temps
sans éprouver de changement dans sa nature

Néanmoins ce que la chaleur seule ne produit pas, elle
le fait à l'aide de l'air atmosphérique: chaque fois que l'on
chauffe l'acier à l'air libre pour le forger, sa surface perd
ses propriétés; & si on répète souvent cette opération, &
qu'à chaque fois on le replie sur lui-même pour reporter
au centre les parties de la surface, à mesure qu'elles se sont
altérées, on fait perdre peu-à-peu à l'acier son caractère,
on le ramène à l'état de fer forgé, sa cassure devient fibreuse,
& les taches qu'y forment les acides sont moins noires;
en sorte que l'on seroit en droit de conclure que la substance qui donne au fer la qualité d'acier, est une matière
combustible qui, comme toutes celles de cette espèce, a
besoin du contact de l'air déphlogistiqué pour brûler; &
que le résultat de cette combustion est volatil, puisqu'il
disparoît.

Lorsque, pendant la cémentation, la température est
portée trop haut, ou soutenue trop long-temps, l'acier
entre dans une véritable fusion; les masses qui en résultent
par le refroidissement, sont encore plus fragiles & plus
fusibles que l'acier de bonne qualité, leur cassure est noire
& spongieuse; la tache que les acides font sur leur surface,
est plus foncée. La fusibilité de ces masses & le peu d'adhérence qu'ont leurs parties, les met dans l'impossibilité d'être
forgées par les moyens ordinaires, elles s'émiettent & elles
se dispersent sous le marteau; elles brûlent à l'air libre avec
plus de facilité que l'acier, & les étincelles qu'elles lancent
en se brûlant sont plus multipliées; elles jouissent de tous
les caractères distinctifs de l'acier, mais dans un degré trop
éminent & incommode; elles se durcissent à la trempe,
& peut-être encore plus que l'acier, mais elles se gercent
par cette opération, & le plus souvent elles se séparent
en morceaux. Comme on ne peut pas les forger, on ne

fauroit les écrouir, c'eft-à-dire, rapprocher les parties que l'effervefcence de la cémentation a trop écartées, & leur contexture eft trop lâche pour être employée aux ufages auxquels l'acier eft deftiné ; enfin l'on n'en tire aucun parti, du moins en France, mais nous verrons par la fuite, combien il eft probable que c'eft faute d'avoir connu la nature de cette fubftance, peut-être auffi précieufe que l'acier, & faute d'avoir employé les procédés qui lui conviennent.

Cet ordre des travaux fur le fer, dont nous venons de donner une defcription fuccincte, n'eft pas généralement fuivi par-tout; dans quelques endroits de la France & en Allemagne, on retire immédiatement l'acier de la fonte, par un affinage particulier, & fans le faire paffer auparavant par l'état de fer forgé; on l'appelle alors *acier naturel*, tandis que celui qui réfulte de l'opération que nous avons décrite, fe nomme *acier de cémentation*. Nous avons préféré la fuite des travaux au moyen defquels le fer paffe, d'une manière plus marquée, par les quatre états dans lefquels nous voulons le confidérer; & dans la defcription que nous avons donnée, nous n'avons eu intention que de faire fentir les opérations néceffaires pour le faire paffer d'un état à l'autre. Nous allons actuellement rapporter les découvertes de M. de Réaumur, & enfuite celles de M. Bergman, fur la nature du fer confidéré dans ces différens états.

Extrait des Recherches de M. de Réaumur.

DANS la fuite immenfe des travaux de M. de Réaumur fur le fer, ce laborieux phyficien s'étoit propofé, l'un après l'autre, deux objets diftincts : le premier étoit de découvrir un procédé certain pour faire de l'acier de cémentation ; le fecond étoit d'adoucir les ouvrages de fer coulé, & de leur donner, fans les déformer, une ductilité qui approchât de celle du fer forgé.

N'ayant d'abord aucune recette de cémentation, & partant des procédés de la trempe en paquet, qui font entre les

mains

mains de tous les ouvriers qui travaillent le fer , il effaya de cémenter ce métal , non-feulement avec chacune des fubftances qui entrent dans les différentes compofitions qui fervent à cette opération , mais encore avec une foule d'autres , prifes toutes en particulier & fans mélange ; & il trouva que parmi le grand nombre de matières qu'il mit en expérience , il n'y avoit que le charbon de bois , le charbon de terre , celui de favates brûlées , la fuie , la corne & la fiente de pigeon , qui , employés feuls , euffent la faculté de convertir le fer en acier.

Ces expériences le mirent à portée de faire une remarque que nous avons auffi eu occafion de vérifier , & qui nous paroît affez importante pour être rapportée , quoiqu'elle foit étrangère à notre objet; c'eft que fi on cémente du fer doux dans du verre pilé , qui fe fond néceffairement pendant l'opération , après le refroidiffement, le fer qui n'a d'ailleurs éprouvé aucune autre altération que de s'adoucir davantage, s'il ne l'étoit pas complétement , fort du cément parfaitement propre & décapé, parce que le verre a diffous toutes les parties de la furface qui avoient éprouvé un commencement de calcination , & qui étoient par conféquent folubles dans ce menftrue.

Il réfultoit donc déjà des expériences de M. de Réaumur, que de toutes les fubftances dans lefquelles on peut cémenter le fer, il n'y a que celles qui font charbonneufes , ou qui peuvent fe convertir en charbon pendant l'opération , qui aient la faculté de lui donner les caractères de l'acier. Il en tira lui-même cette conféquence; mais la chimie étoit alors trop peu avancée pour qu'il pût apercevoir diftinctement la nature du changement qu'éprouve le fer, & il fe contenta de tirer cette conclufion , peut-être déjà belle pour fon temps, mais trop vague aujourd'hui : *que le cément tranfmettoit des foufres & des fels à ce métal pour le changer en acier.*

Il effaya enfuite de mêler avec le charbon différentes fubftances, pour reconnoître celles qui pouvoient favorifer

C

fon action dans la cémentation, & il reconnut que toutes étoient ou indifférentes ou nuifibles, à l'exception du fel marin feul & du fel ammoniac, dont il crut apercevoir de bons effets.

Il reconnut que la cémentation ne devoit pas être continuée trop long-temps, qu'il étoit plus économique de donner au feu une plus grande intenfité, que de le continuer pendant un temps plus long, & que des barres deux fois plus minces n'employoient pas pour fe cémenter jufqu'au centre, la moitié du temps néceffaire à des barres deux fois plus épaiffes.

Il rechercha quels étoient les fers qui, par leur nature, étoient les plus propres à fe convertir par la cémentation en excellent acier; & quoiqu'il femble avoir reconnu que l'état fibreux de la caffure du fer forgé n'eft que le réfultat d'une extenfion forcée, néanmoins il le propofa comme le caractère du fer le plus convenable à la cémentation.

Il remarqua les bulles dont l'acier poule eft parfemé, & qui l'auroient vraifemblablement conduit à la découverte de la compofition du fer dans fes différens états, fi alors la théorie des effervefcences avoit été connue comme elle l'eft aujourd'hui. Il aperçut l'augmentation de poids qu'acquiert le fer dans la cémentation, & le retour de l'acier à l'état de fer forgé par le moyen des chaudes fucceffives; ce qu'il devoit attribuer & ce qu'il attribua en effet à la diffipation des foufres & des fels dont le fer s'étoit emparé pour fe convertir en acier.

Il examina enfuite ce que produit dans l'acier l'opération de la trempe; il reconnut bien à la vérité qu'elle ne confiftoit que dans un refroidiffement prompt & fubit de l'acier dilaté par la chaleur; que les fubftances qui, comme l'eau, exigent plus de chaleur pour acquérir la même température, étoient les meilleures pour cet objet; & que tous les préjugés fur les eaux plus ou moins favorables, étoient fans fondement.

Néanmoins il ne regarda pas la trempe comme une

opération mécanique, & il crut que les foufres & les fels
détachés, du moins en partie, des élémens du fer, par le
moyen de la chaleur, & furpris par un refroidiffement
trop prompt, n'avoient pas le temps de fe recombiner avec
les élémens, & leur fervoient de gluten ; par-là il rendoit
compte de la dureté & de l'augmentation du volume de
l'acier trempé. Ainfi, après avoir prouvé que la chaleur
opère la compofition de l'acier, il croyoit que la chaleur
donnoit lieu à une efpèce de décompofition ; incohérence
qu'il faut pardonner à l'état où étoient alors les connoiffances en phyfique.

M. de Réaumur ne fe contenta pas d'avoir trouvé de
bons procédés pour la cémentation, il rechercha auffi ceux
par lefquels on pouvoit le plus promptement ramener
l'acier cémenté à l'état de fer forgé, & il trouva qu'en
cémentant de l'acier dans des poudres incombuftibles, telles
que l'argile, la craie, la chaux vive ou éteinte, le verre
pilé, il perdoit fon caractère ; mais de toutes les fubftances
qu'il mit en expérience, aucune ne lui parut plus propre
pour cet objet, que la poudre d'os calcinés, dans laquelle
l'acier devint du fer parfaitement doux, & dans un temps
trois fois moindre que celui qui eft néceffaire à la cémentation ; & il explique ce phénomène, en fuppofant que ces
fubftances réabforboient les foufres & les fels dont l'acier
étoit pénétré.

Dans les travaux que M. de Réaumur fit enfuite fur la
fonte, il reconnut, ce que nous avons déjà dit, que la
caffure de cette fubftance varie fuivant la dofe de charbon
employé dans la charge du fourneau, cependant il regarda
la fonte grife comme plus impure & chargée de plus de
matières terreufes que la fonte blanche. Il aperçut l'analogie qui fe trouve entre certaines propriétés de la fonte
& celles de l'acier, comme d'être plus dure que le fer,
& d'être fufceptible de prendre une dureté extrême à la
trempe ; & fur-tout il fit cette obfervation capitale, que fi
l'on plonge une barre de fer doux dans un bain de fonte

C ij

grife, elle fe convertit bientôt en un excellent acier; mais n'ayant pas les connoiffances que nous avons aujourd'hui fur la calcination des métaux , il lui fut impoffible de reconnoître en quoi diffèrent effentiellement ces deux fubf- tances : il crut donc que la fonte étoit de l'acier pouffé au plus haut terme, altéré d'ailleurs par un refte de matières terreufes , & que l'acier étoit un état du fer moyen entre celui de la fonte & celui du fer doux.

Il réfulte de cet expofé, que, fuivant M. de Réaumur, l'acier ne diffère du fer doux que par des foufres & des fels que lui ont tranfmis les fubftances qui entrent dans la compofition du cément; que les foufres & les fels peuvent enfuite lui être enlevés , foit par une diffipation à l'air libre, foit par la réabforbtion de la part des fubftances qui ont plus d'affinité avec eux ; enfin , que la fonte n'eft qu'un acier trop cémenté , altéré d'ailleurs, fur-tout dans la fonte grife , par des fubftances terreufes dont elle n'a pas été entièrement dépouillée dans le haut fourneau.

Extrait des Recherches de M. Bergman.

Les travaux de M. de Réaumur avoient eu pour but principal la découverte de quelques procédés dans les arts, dont les étrangers faifoient myftère, & le perfectionnement de ces procédés. L'objet des recherches de M. Bergman étoit purement théorique, & ces recherches étoient uni- quement dirigées vers l'analyfe du fer & vers les caufes de fes différentes propriétés. Ce grand chimifte que les Sciences ont perdu trop tôt, avoit découvert que les métaux ne peuvent fe diffoudre dans les acides, qu'après avoir abandonné une partie de leur phlogiftique; ce qu'on peut traduire dans la théorie moderne, en difant que les métaux doivent avoir éprouvé un commencement de calcination, & être déjà combinés avec une portion d'air déphlogiftiqué, pour être folubles dans les acides.

Il étoit perfuadé que les métaux contiennent deux dofes diftinctes de phlogiftique, une première moins adhérente

& qu'on leur enlève par la calcination ; une autre, dont
il est plus difficile de les dépouiller, qu'ils confervent dans
l'état de chaux, & fans laquelle ils feroient des acides. Il
donnoit à la première le nom de *phlogiftique réducteur*, &
à la feconde le nom de *phlogiftique coagulant*. L'objet de
fes premières recherches fur le fer, étoit de trouver les
différentes quantités de *phlogiftique réducteur* que ce métal
contient dans fes différens états ; & parce qu'il croyoit encore
que c'étoit à la diffipation de ce phlogiftique qu'étoit dûe
la formation du gaz inflammable qu'on obtient de la diffolution du fer dans certains acides, il fe propofa d'abord de
mefurer les volumes de ce fluide élaftique qui fe dégage
lorfqu'on diffout les différens fers dans l'acide vitriolique
& dans l'acide marin, & de juger de la quantité de phlogiftique réducteur abandonné dans cette opération, par
le volume du gaz inflammable produit. Après un grand
nombre d'expériences, il trouva, 1.° que le même fer
donnoit toujours le même volume d'air inflammable, quel
que fût celui de ces deux acides dans lequel fe fît fa diffolution, & quelle que fût la rapidité de l'opération.

2.° Que le fer coulé, l'acier & le fer forgé diffous dans
le même acide, donnoient conftamment des volumes différens d'air inflammable, & à peu-près dans les rapports
de 40, 48, 50 ; nous difons à peu-près, parce qu'il fe
trouve dans fes réfultats des anomalies, dont quelques-unes
viennent bien à la vérité de la nature des fers mis en expérience, mais dont quelques autres doivent être attribuées
aux variations furvenues pendant une auffi longue fuite
d'expériences, dans la température & dans la preffion de
l'atmofphère, dont M. Bergman ne paroît pas avoir tenu
compte.

3.° Que la fonte de la même mine donnoit d'autant plus
d'air inflammable, qu'elle étoit moins blanche, ou qu'on
avoit plus employé de charbon dans fa réduction.

4.° Que l'acier donnoit toujours le même volume d'air
inflammable, foit qu'il fût trempé, foit qu'il fût doux.

La feule différence qu'il ait obfervée à cet égard , eft la durée de la diffolution, ce qui étoit facile à prévoir; car la dureté d'une fubftance étant un obftacle de plus à la diffolution, cette opération doit être d'autant plus lente, toutes chofes d'ailleurs égales, que la dureté eft plus grande.

Quant aux diffolutions du fer que M. Bergman a faites dans l'acide nitreux, ce chimifte n'en a tiré aucune conclufion, vraifemblablement parce que l'on obferve dans fes réfultats des écarts qu'il étoit impoffible d'expliquer avant la découverte de la compofition de cet acide, & dont il eft très-facile aujourd'hui de rendre compte.

On voit, par exemple, que toutes les fois que la diffolution a dû être plus rapide, foit à caufe d'une plus haute température, foit par la divifion du fer en limaille, foit enfin parce que la fubftance à diffoudre étoit moins dure, les produits en gaz nitreux ont toujours été moindres, parce que dans toutes ces circonftances, ce gaz a dû être plus dépouillé d'air déphlogiftiqué, & approcher davantage de la nature de la mofette atmofphérique. Ainfi, 1.º la fonte qui donne toujours moins d'air inflammable que le fer par la diffolution dans les acides vitriolique & marin, donne au contraire plus de gaz nitreux que ce dernier métal, en fe diffolvant dans l'acide nitreux, & cela dans le rapport de 33 à 28, parce qu'étant plus dur & fe laiffant attaquer plus lentement, la température eft plus baffe pendant la diffolution, & que le gaz nitreux conferve plus d'air déphlogiftiqué : 2.º les quantités de gaz nitreux produit par le même fer forgé, mis en maffe ou en limaille dans l'acide, font dans le rapport de 29 à 15, parce que la diffolution favorifée par l'état de divifion en limaille, fe fait plus rapidement ; & que la température étant alors plus élevée, la décompofition du gaz nitreux eft plus complète.

M. Bergman a recherché par un autre procédé la quantité de *phlogiftique réducteur* que le fer contient dans fes différens états ; pour cela il a pefé combien il falloit de fer des différentes efpèces pour précipiter une même quantité d'argent

de fa diffolution dans l'acide vitriolique ; & dans quatre
expériences feulement qu'il cite fur cet objet, il a trouvé
qu'il falloit toujours d'autant moins de fer d'une certaine
efpèce, que cette efpèce donnoit plus d'air inflammable.
Nous verrons par la fuite les raifons pour lefquelles cet
accord ne peut pas être rigoureux, ce que M. Bergman
n'auroit pas manqué d'apercevoir lui-même s'il eût fait plus
d'expériences de ce genre, & fur - tout s'il eût examiné la
nature des gaz inflammables qu'il avoit obtenus dans les premières expériences, & dont il pas n'a foupçonné la différence.

Perfuadé que la matière de la chaleur entroit dans la
compofition du fer, & en dofes différentes, felon l'état
dans lequel étoit ce métal, M. Bergman a fait une autre
fuite d'expériences fur un très-grand nombre de différens
échantillons, pour reconnoître l'accroiffement de température produit par la diffolution d'un même poids des
différens fers dans l'acide nitreux ; & de ce qu'en général
cet accroiffement de température a été moins grand pour
la fonte que pour l'acier, & moindre encore pour ce dernier métal que pour le fer, il conclud que c'eft dans cet
ordre que ces fubftances contiennent plus de la matière
de la chaleur.

Nous avons lieu de penfer que les expériences qu'il a
faites à cet égard, n'étoient pas de nature à l'inftruire
fur les réfultats qu'il demandoit ; on voit feulement qu'à
mefure que les fubftances qu'il employoit étoient plus dures,
& que leur diffolution dans l'acide nitreux étoit plus lente,
la température qu'elles donnoient à la diffolution étoit
moins haute.

Mais parmi les réfultats de ces recherches, il y en a un
fur lequel il n'a rien dit de particulier, & qui nous paroît
mériter quelqu'attention. La plupart des fers doux occa-
fionnèrent un accroiffement de température de 67 ou
68 degrés d'un thermomètre divifé en 100 parties, depuis
la glace jufqu'à l'eau bouillante, tandis que de l'éthiops
martial attirable à l'aimant fut diffous fans effervefcence,

& ne produifit qu'un accroiffement d'un demi-degré; ce qui prouve que la grande chaleur occafionnée par la diffolution du fer dans l'acide nitreux, chaleur dont l'intenfité eft encore diminuée par le dégagement du fluide élaftique qui produit l'effervefcence, eft prefque entièrement dûe à l'air déphlogiftiqué dont eft compofé l'acide. Cet air quittant l'état liquide pour fe combiner au fer & le mettre en état d'être diffous, abandonne la matière de la chaleur qui le tenoit dans l'état de liquidité.

M. Bergman a enfuite cherché par la voie des diffolutions, quelles étoient les fubftances étrangères qui peuvent fe trouver combinées dans les fers de différente nature & dans différens états. Les feules fubftances qu'il ait trouvées, font, 1.º la manganèfe, dont nous ne nous occuperons pas, parce qu'elle eft étrangère à notre objet; 2.º la matière filiceufe qui eft généralement plus abondante dans la fonte que dans l'acier & le fer forgé, & qui, dans ce dernier métal, ne monte jamais à $\frac{1}{200}$ du poids total; 3.º la plombagine qu'il a trouvée en plus grande quantité dans la fonte que dans l'acier, & dans celui-ci que dans le fer forgé, où le poids de cette fubftance eft tout au plus les $\frac{5}{1000}$ de celui du métal.

De toutes ces expériences, M. Bergman tire plufieurs conféquences, dont nous allons feulement rapporter les principales.

Il regarde, avec M. Schéele, la plombagine comme compofée d'air fixe & de phlogiftique, c'eft-à-dire, comme un foufre qui peut fe combiner avec le fer; mais alors il faut que ce métal ait perdu une partie de fon phlogiftique. Cela pofé, le fer forgé ne contient prefque point de plombagine, mais il contient plus de phlogiftique & de la matière de la chaleur, que dans tout autre état. L'acier contient plus de plombagine & moins des deux derniers principes que le fer; la fonte contient encore plus de plombagine & moins de matière de la chaleur que l'acier.

En forte que, fuivant M. Bergman, pour affiner la fonte,

c'eft-

(25)

c'eſt-à-dire, pour l'amener à l'état de fer doux, il faut
enlever ou décompoſer la plombagine qu'elle contient, &
lui donner une plus grande quantité de phlogiſtique; opérations qui ſe font toutes deux en même temps dans l'affinage, parce que la plombagine ſe décompoſe, que ſon air
fixe ſe diſſipe, & que ſon phlogiſtique ſe porte ſur le métal.

Il explique auſſi d'une manière analogue les deux procédés différens par leſquels on fait ordinairement de l'acier,
& qui conſiſtent, comme nous l'avons déjà dit, ou à l'extraire
de la fonte, ou à cémenter du fer doux. Dans le premier
cas, on décompoſe une portion de la plombagine qui eſt
dans la fonte, & ſon phlogiſtique ſe porte ſur le métal.
Dans le ſecond cas, l'air fixe du charbon de cémentation
ſe combinant au contraire avec une portion de phlogiſtique
qui eſt dans le fer doux, compoſe de la plombagine qui
reſte unie au métal; & ce métal contenant moins de phlogiſtique & plus de plombagine, eſt de l'acier.

Enfin M. Bergman, après avoir rapporté quelques expériences ſur la calcination du fer par la voie humide, ſur
la ſydérite, qui, comme nous l'avons déjà dit, donne au fer
la qualité d'être caſſant à froid, & dont M. Meyer a déterminé la nature, finit la diſſertation dont nous venons de
faire l'extrait, par quelques obſervations ſur le magnétiſme.

Tel étoit l'état des connoiſſances ſur la nature du fer
conſidéré dans ſes différens états métalliques, lorſque nous
avons entrepris le travail dont nous allons rendre compte.

Expoſé de nos Recherches.

QUOIQUE les opinions de M.ʳˢ de Réaumur & Bergman
ſur la compoſition du fer conſidéré dans ſes différens états
métalliques, s'écartent l'une de l'autre en pluſieurs points
eſſentiels, on voit néanmoins qu'elles s'accordent en cela,
que ces deux phyſiciens regardent l'acier comme un état
du fer moyen entre celui du fer coulé & celui du fer forgé.
Nous croyons au contraire que de leurs recherches & de
nos propres expériences il réſulte que la fonte & l'acier

D

ne font pas compofés des mêmes principes; & pour mieux faire fentir ce que notre opinion a de particulier, nous allons d'abord l'expofer ; nous rapporterons enfuite les raifons & les faits qui nous ont déterminés.

Le fer coulé doit être confidéré comme un régule dont la réduction n'eft pas complète, & qui retient par confé-quent une portion de la bafe de l'air déphlogiftiqué à laquelle il étoit uni dans la mine, fous la forme de chaux; & parce que cette réduction peut être pouffée plus ou moins loin, fuivant les circonftances, nous regardons cette variation comme une première caufe des différences que l'on obferve dans les fontes obtenues de la même mine. De plus, le charbon ayant la faculté de fe combiner en fubftance & fans changer de nature, avec plufieurs métaux, & principalement avec le fer, il nous paroît certain que la fonte abforbe dans le fourneau une quantité plus ou moins grande de ce combuftible , & que la quantité de cette abforption déterminée encore par les circonftances de la fufion, eft fujette à des variations qui font une autre caufe des différences dans la nature du fer coulé.

Le fer forgé parfaitement affiné, feroit celui qui d'une part feroit complétement réduit, & qui de l'autre ne con-tiendroit aucune matière étrangère au métal, pas même du charbon: il n'en exifte pas de cette nature dans le commerce ; le meilleur fer de Suède conferve toujours une portion de la bafe de l'air déphlogiftiqué qui a échappé aux opérations de la réduction & de l'affinage, & il eft toujours altéré par une dofe de charbon, très-petite à la vérité, mais dont peut-être il eft impoffible de le dépouiller exactement.

Dans l'acier de cémentation , le fer eft parfaitement réduit, & il eft de plus combiné avec du charbon qu'il a abforbé du cément, & qui doit y être en certaine quantité pour que l'acier foit d'une qualité déterminée. Il y a donc, fuivant nous, cette grande différence entre la fonte & l'acier, que dans la fonte le métal eft toujours mal réduit, tandis que dans l'acier il l'eft toujours d'une manière complète; & il y a cette analogie, que dans l'une & dans l'autre de ces deux fubftances métalliques, le fer eft combiné avec la matière charbonneufe. Ainfi pour ce qui regarde l'état de la réduction, l'acier de cémentation eft au-delà du fer forgé, par rapport à la fonte; & pour ce qui regarde la matière charbonneufe, l'acier n'a aucune relation fixe avec la fonte, parce que la quantité de charbon qu'il doit contenir pour être employé dans les Arts, eft plus grande que celle qui fe trouve dans la plupart des fontes blanches, & moindre que celle de certaines fontes grifes.

Enfin, le charbon pouvant fe combiner avec le fer en proportions très-variables, & qui dépendent vraifemblablement de la température, nous croyons que l'acier eft trop cémenté lorfqu'il a abforbé trop de charbon dans la cémentation; qu'ainfi l'acier trop cémenté ne diffère du fer doux que par la matière charbonneufe qu'il contient, & de l'acier d'excellente qualité, que par une plus grande dofe de ce combuftible.

Nous allons effayer de prouver toutes ces propofitions, & nous terminerons ce Mémoire par quelques réflexions fur le charbon, confidéré dans la fonte & dans l'acier, & fur l'état dans lequel eft cette même fubftance à la fortie du métal.

La théorie du phlogiftique ne pouvant plus fubfifter avec les dernières découvertes fur la calcination des métaux & fur la décompofition & la recompofition de l'eau, les conféquences que M. Bergman a tirées de fes nombreufes expériences, doivent au moins être énoncées en d'autres termes.

Nous favons en effet que les métaux ne peuvent fe diffoudre dans les acides, qu'ils n'aient éprouvé un commencement de calcination, c'eft-à-dire, qu'ils ne fe foient combinés avec une certaine quantité de la bafe de l'air déphlogiftiqué, qui leur fert d'intermède pour entrer enfuite dans la nouvelle combinaifon.. Lorfqu'on les fait

D ij

diſſoudre dans l'acide marin ou dans l'acide vitriolique, ils commencent par décompoſer l'eau qui affoiblit l'acide, ils lui enlèvent l'air déphlogiſtiqué qui entre dans ſa compoſition, ils ſe diſſolvent enſuite; & la baſe de l'air inflammable abandonnée, reprenant l'état élaſtique, s'échappe & produit l'efferveſcence qui accompagne toujours ces phénomènes. Quoique l'air déphlogiſtiqué, en entrant dans la compoſition de l'eau, ait perdu une grande quantité de matière de la chaleur, à laquelle il devoit l'état de fluide élaſtique, il lui en reſte encore beaucoup dans l'état liquide; & lorſqu'il quitte ce dernier état pour ſe combiner avec le métal & opérer la calcination, il en abandonne de nouveau une grande quantité, qui contribue à la reproduction de l'air inflammable & à l'élévation conſidérable qui ſurvient dans la température de la diſſolution. Ainſi le gaz inflammable qu'on obtient en diſſolvant le fer dans les acides vitriolique & marin, ne ſort pas de la ſubſtance de ce métal; il provient entièrement de la décompoſition de l'eau, & ſa quantité eſt toujours proportionnée à la quantité d'eau décompoſée, & par conſéquent à la quantité de la calcination opérée.

Dans les expériences de M. Bergman, la fonte en ſe diſſolvant dans l'acide vitriolique, donne toujours moins d'air inflammable que le fer doux, & à peu-près dans le rapport de 40 à 50 : il eſt raiſonnable d'en conclure que la fonte n'exige pas autant d'air déphlogiſtiqué que le fer pour entrer en diſſolution dans l'acide; qu'ainſi le fer qui eſt dans la fonte n'eſt pas parfaitement réduit, & qu'il conſerve une portion de l'air déphlogiſtiqué dont il étoit pour ainſi dire ſaturé dans l'état de chaux. Cette concluſion n'eſt qu'une traduction de celle de M. Bergman; & elle deviendra encore plus probable, ſi l'on fait attention que dans les hauts fourneaux, la mine ne ſe trouve dans des circonſtances favorables à la réduction, que lorſqu'elle eſt arrivée à la voûte du foyer. C'eſt dans ce dernier inſtant ſeul qu'elle reçoit un aſſez grand coup de feu pour

(29)

entrer en fufion & devenir fufceptible de réduction ; mais
alors elle devient liquide & elle tombe auffitôt dans le
creufet , où le laitier la met à l'abri du contact & de
l'action du charbon. Le temps pendant lequel la réduction
peut s'opérer, eft donc néceffairement très-court; & quand
même la température auroit le degré d'élévation fuffifant,
on auroit lieu d'être furpris fi pendant un intervalle auffi
court, cette réduction s'opéroit d'une manière complète.
Au refte, nous rapporterons plus tard d'autres preuves de
cette propofition, & nous aurons occafion de montrer
combien elle s'accorde avec les phénomènes.

Mais dans les expériences de M. Bergman, l'acier,
même celui qu'on obtient du fer doux par la cémentation,
donne auffi conftamment moins d'air inflammable que le
fer, & à peu-près dans le rapport de 48 à 50; en raifon-
nant de la même manière, il faudroit en conclure que
pendant la cémentation, l'acier éprouve un commencement
de calcination, qu'il s'empare d'une petite quantité d'air
déphlogiftiqué, & qu'enfuite il en exige d'autant moins
pour fe diffoudre dans les acides. Cette conclufion, qui
fembloit s'offrir naturellement, & que M. Bergman a effec-
tivement tirée dans la théorie du phlogiftique, préfente
cependant une contradiction frappante; car le procédé de
la réduction métallique & celui de la cémentation, étant
parfaitement les mêmes , il étoit difficile de concevoir
comment les mêmes circonftances, après avoir donné lieu
à la réduction du fer, pouvoient enfuite opérer la calcination de ce métal pour le convertir en acier, à moins que
l'humidité du cément, par fa décompofition, ne contribuât
à cet effet. Il s'agiffoit donc de s'affurer d'abord fi dans la
cémentation l'humidité contribuoit pour quelque chofe aux
changemens qu'éprouve le fer doux pour fe convertir en
acier ; & fi le charbon parfaitement fec & dépouillé de tout
ce qui peut produire des fluides élaftiques, fe comporteroit
autrement & donneroit d'autres réfultats que le charbon
humecté?

Pour cela, après avoir calciné & dégazé du charbon de bois pilé, en le tenant pendant plufieurs heures dans un creufet couvert au centre d'un fourneau bien allumé, nous en avons rempli un petit creufet, dans lequel nous avions placé un barreau de fer forgé & fibreux, provenant des forges royales de Guérigny, & dont le poids éto't 2 onces 4 gros 22 grains. Pour éloigner toute humidité, nous n'avions pas lutté le couvercle de ce creufet ; mais après l'avoir lié avec un fil de fer, nous avons renverfé ce premier creufet dans un autre plus grand, que nous avons pareillement rempli de charbon dégazé, & dont nous avons lié le couvercle avec un fil de fer ; nous avons placé ce creufet debout au centre du fourneau, & nous avons pouffé le feu, qu'on a foutenu en grande activité pendant cinq heures. Après le refroidiffement, nous avons trouvé que le creufet extérieur qui étoit très-haut, n'avoit pas éprouvé par-tout la même température, & que le coup de feu qu'il avoit reçu dans les parties baffes, plus voifines de la grille, avoit été plus violent que celui qu'il avoit reçu par le haut. Le barreau mis en expérience, & qui étoit placé verticalement au centre du creufet intérieur, avoit pareillement éprouvé des effets très-différens dans les différentes parties de fa hauteur. Le haut avoit confervé fa forme ; dans le milieu, les parties du métal qui étoient à fa furface étoient entrées en fufion, elles avoient coulé, & elles s'étoient raffemblées vers le bas ; en forte que la pièce totale qui ne s'étoit pas divifée étoit encore équarrie par le haut, elle avoit un étranglement dans le milieu, & le bas étoit renflé & arrondi.

Le poids de cette pièce s'eft trouvé de 2 onces 4 gros 33 grains $\frac{1}{4}$; ainfi par la cémentation, il avoit augmenté de 11 grains $\frac{1}{4}$, c'eft-à-dire, à peu-près de $\frac{1}{130}$. La partie fondue a été caffée fous le marteau, & elle a préfenté l'afpect d'une fonte très-grife, & même noirâtre : la partie fupérieure pareillement caffée a préfenté celui de l'acier poule : la portion inférieure qui avoit été entièrement

fondue, étoit intraitable à chaud, elle s'émiettoit fous le
marteau ; forgée dans une cuiller de fer doux, elle empê-
choit le fer de fe fouder ; & en brûlant au feu, elle donnoit
plus d'étincelles que la fonte grife ordinaire. La portion
fupérieure au contraire qui n'étoit pas entrée en fufion,
fe forgeoit à merveille, fans gerfures fur les arêtes ; à la
trempe, nous avons trouvé que c'étoit de l'acier d'excellente qualité, feulement il reftoit dans le cœur un peu de
fer doux qu'il étoit facile de diftinguer à la caffure. Enfin
la portion où s'étoit fait l'étranglement étoit de l'acier
excellent, fur-tout au milieu de fa longueur, mais elle
participoit, à fes extrémités, des qualités des parties voifines ; par le haut il reftoit un peu de fer doux dans le
cœur, & par le bas elle fe gerçoit un peu fur les arêtes.

Cette première expérience rempliffoit parfaitement les
vues dans lefquelles nous l'avions tentée, en faifant voir,
1.° que les changemens qu'éprouve le fer doux en fe con-
vertiffant en acier, font uniquement dûs à l'action du
charbon, & non à celle d'aucune fubftance gazeufe que la
chaleur pourroit en dégager ; 2.° que ces changemens ne
font pas de la nature de la calcination, c'eft-à-dire, que
pour fe convertir en acier, le fer n'abforbe pas d'air déphlogiftiqué, puifqu'il n'y avoit aucune matière qui pût
en fournir, & qu'il ne fe rapproche pas de l'état de fer
coulé ; 3.° que c'eft la fubftance même du charbon, qui,
en fe combinant avec le métal, augmente fon poids,
change la couleur de fa caffure, occafionne la tache noire
que font les acides à fa furface, lui donne de la fufibilité
& le rend plus combuftible à l'air libre. Elle nous montroit
enfuite, 1.° que dans la cémentation, lorfqu'on outre-paffe
un certain degré de température, cette opération fe fait
d'une manière trop marquée, que le charbon fe combine
alors en trop grande quantité avec le fer, & que l'acier
qui en réfulte eft trop acier ; 2.° que lorfqu'on donne la
température convenable, il faut la foutenir pendant un
certain temps qui dépend de l'épaiffeur des barres, afin que

le charbon ait le temps de fe diffoudre pour ainfi dire, & de fe combiner jufqu'au centre de la maffe. Ce qui eft conforme aux obfervations de M. de Réaumur, que nous avons rapportées *(pages 16 & fuivantes)*.

Il ne fuffifoit pas d'avoir reconnu que le charbon feul pouvoit opérer la cémentation du fer ou la converfion de ce métal en acier, il falloit encore favoir fi l'humidité apporteroit quelques changemens à cette opération: pour cela nous avons cémenté quelques barres du même fer avec du charbon dégazé & humecté enfuite avec de l'eau pure; & parce que nous étions prefque certains que l'eau feroit convertie en vapeurs, & entièrement diffipée avant que le fer eût atteint la température néceffaire à la cémentation, pour cémenter d'autres barres, nous nous fommes fervis de charbon humecté avec une diffolution d'alkali fixe qui devoit retenir l'eau plus long-temps. Les aciers que nous avons obtenus par toutes ces opérations, étoient de la même qualité que ceux que donnoit le charbon fec dans les mêmes circonf-tances: nous avons feulement remarqué que dans le cément imprégné d'alkali fixe, la cémentation étoit un peu moins avancée que dans les autres, ce qui s'accorde encore avec les expériences de M. de Réaumur.

Il réfultoit au moins de-là que l'humidité dont le cément peut être imprégné, ne contribue pour rien à la cémentation du fer, ce qu'il étoit facile de prévoir d'après l'état de nos connoiffances; car le charbon étant beaucoup plus combuf-tible que le fer, & ayant la faculté de lui enlever la bafe de l'air déphlogiftiqué, quand ce métal eft combiné avec elle, il eft certain que, lorfque le fer & le charbon font placés enfemble dans les circonftances où ils peuvent l'un & l'autre décompofer l'eau pour s'emparer de la bafe de l'air déphlo-giftiqué, c'eft le charbon & non le fer qui doit opérer cette décompofition. Ainfi, pour découvrir ce qui fe paffe dans la cémentation & l'efpèce d'altération qu'éprouve le fer pour fe convertir en acier, nous avons conclu qu'il falloit diriger toutes nos recherches vers l'action du charbon.

II

Il nous importoit d'abord de favoir quelle eft l'augmen·
tation de poids que prend le fer pour fe convertir en acier
de bonne qualié ; mais il étoit difficile de faire l'opération
fur des caiffes un peu grandes, dans un fourneau ordinaire
de laboratoire. Nous avons jugé plus convenable de profiter
de la chaleur d'un four de fayencier, & de chercher par des
tentatives préliminaires, la place que nos caiffes devoient
occuper dans le four, pour qu'eu égard à leur volume, la
température foutenue pendant tout le temps de la cuiffon
de la poterie, fût capable de produire de l'acier tel que
nous le defirions.

Cet emplacement trouvé, nous avons chargé une caiffe car-
rée de quatre barreaux de fer des forges royales de Guérigny,
en employant pour cément du charbon pur. Après la cémentation, l'acier s'eft trouvé de très-bonne qualité ; il fe forgeoit
très-bien ; il prenoit un très-beau grain à la trempe. Quant à
l'augmentation de poids, la table fuivante donne celle qui eut
lieu pour les quatre barreaux d'une même caiffe.

NUMÉROS des Barres.	POIDS DES BARRES avant la Cémentation.			AUGMENT. des Poids.	RAPPORT de cette augment. au poids total.
	onces.	gros.	grains.	grains.	
1.	4.	7.	$38\frac{1}{8}$.	$15\frac{7}{8}$.	$\frac{1}{179}$.
2.	5.	3.	$2\frac{1}{8}$.	$18\frac{1}{8}$.	$\frac{1}{170}$.
3.	5.	2.	13	$17\frac{1}{4}$.	$\frac{1}{176}$.
4.	5.	1.	$50\frac{1}{8}$.	$16\frac{5}{8}$.	$\frac{1}{180}$.

Dans cette expérience, tous les barreaux avoient été
tirés d'une même barre ; on les avoit enfuite blanchis à la
lime fur les quatre faces, afin d'enlever les parties de la
furface, qui auroient pu avoir éprouvé à la forge un commencement de calcination, & qui, en fe réduifant par la
cémentation, auroient pu donner de l'air déphlogiftiqué,

E

& altérer l'exactitude des poids. Malgré ces précautions, on doit regarder ces réfultats non comme les augmentations de poids abfolus, mais comme les différences entre les augmentations de poids produites par l'abforbtion du charbon, & les pertes occafionnées par l'entière réduction du métal, c'eft-à-dire, par le départ de la petite portion d'air déphlogiftiqué, qui, comme nous le verrons dans la fuite, fe trouve toujours dans le fer même le plus doux.

En effet, dans une autre expérience, nous avons cémenté dans une même caiffe quatre barreaux, dont l'un avoit été pris dans une barre de fer de Suède, & dont les trois autres provenoient de tôle de Suède, que l'on avoit forgée & convertie en barres. Les trois derniers barreaux contenoient, dans l'intérieur de leurs maffes, les parties de fer qui avoient été expofées chaudes à l'air atmofphérique, & qui avoient éprouvé un commencement de calcination ; & ces parties, en fe réduifant pendant la cémentation, devoient abandonner plus d'air déphlogiftiqué. Auffi, l'augmentation de poids qu'elles ont reçue, eft moindre que celle du premier barreau, comme on le voit dans la table fuivante.

ESPÈCE de Barreaux.	POIDS DES BARREAUX avant la Cémentation.			AUGMENT. du Poids.	RAPPORT de cette augment. au poids total.
	onces.	gros.	grains.	grains.	
Barreau de fer de Suède.	5.	6.	40	2 2.	$\frac{1}{152}$.
Barreaux de fer de tôle. 1.	5.	0.	1 0 $\frac{1}{2}$.	1 5 $\frac{1}{2}$.	$\frac{1}{193}$.
2.	4.	7.	1 4 $\frac{3}{8}$.	1 5 $\frac{3}{8}$.	$\frac{1}{184}$.
3.	4.	7.	2 2 $\frac{1}{2}$.	1 5 $\frac{1}{2}$.	$\frac{1}{182}$.

Il étoit donc conftaté que dans la cémentation le fer abforbe & diffout pour ainfi dire du charbon qui augmente
fon poids ; & par cela feul on auroit pu expliquer pourquoi, dans les expériences de M. Bergman, l'acier qui à
poids égal contient un peu moins de matière métallique
que le fer doux, donne moins d'air inflammable, & décompofe moins d'eau que ce dernier métal pour fe diffoudre dans les acides, fi cette différence n'avoit pas été conftamment trop grande.

Mais nous venons de voir que la quantité de métal qui
fe trouve de plus dans le fer doux, que dans l'acier à poids
égal, eft à-peu-près de $\frac{1}{180}$; & d'après les expériences de
M. Bergman, la différence des produits en air inflammable que donnent le fer & l'acier provenant du même fer,
eft au moins de $\frac{1}{24}$, & quelquefois de $\frac{1}{16}$, & même de $\frac{1}{8}$.
Il falloit donc avoir recours à quelqu'autre circonftance,
qui eût échappé à la fagacité de ce chimifte, pour expliquer
en même temps cette différence de produit, & les irrégu-
larités qui fe trouvent à cet égard dans les réfultats de fes
propres expériences.

D'abord, la mefure des volumes des fluides élaftiques
peut être confidérablement altérée par les variations du poids
de l'atmofphère, & par celles de la température du laboratoire, & M. Bergman n'ayant pas fait mention des précautions qu'il peut avoir prifes pour éviter ces deux fources
d'erreur, nous avons cru qu'il étoit néceffaire de répéter
les diffolutions du fer & de l'acier dans l'acide vitriolique ;
mais, parce que dans le grand nombre d'expériences que
nous nous propofions de faire fur cet objet, nous n'étions
pas affez maîtres des circonftances pour les rendre conf-
tantes, nous avons cru devoir, par des recherches préliminaires, nous affurer de la quantité dont l'air inflammable fe
dilate par les changemens de température, afin de réduire
enfuite tous nos réfultats à une preffion d'atmofphère conf-
tante, & à une même température.

Pour cela, après avoir fait fouffler à l'extrémité d'un tube

de verre bien calibré une boule à-peu-près de trois pouces
de diamètre, & après avoir courbé le tube près de la boule,
nous avons fait deux marques fur le tube ; puis en pefant
les quantités d'eau diftillée, néceffaires pour remplir cette
efpèce de matras, d'abord jufqu'à l'une, & enfuite jufqu'à
l'autre de ces marques, nous avons pu graduer le tube en
millièmes de la capacité du matras.

Cela fait, nous avons rempli le matras du gaz dont nous
voulions mefurer la dilatabilité ; nous l'avons plongé dans
l'eau d'un appareil hydropneumatique, de manière que l'extrémité du tube fût auffi plongée ; & nous avons laiffé échap-
per du gaz, jufqu'à ce que le matras ayant pris la température du bain, la furface de l'eau dans le tube fût au
zéro de la divifion, & qu'en même temps le point de zéro
fût au niveau de la furface du bain. Par là nous avons eu
un volume déterminé de gaz qui n'éprouvoit d'autre preffion que celle de l'atmofphère, & dont la température étoit
connue par un thermomètre actuellement plongé dans le
bain. Enfuite tenant toujours l'extrémité du tube dans l'eau,
nous avons plongé la boule dans un autre vafe plein d'eau
plus chaude, & que nous avons élevé de manière que le
gaz ayant pris la nouvelle température, la furface de l'eau
dans le tube fût encore au niveau de celle du premier
appareil ; ce qui nous a donné fur le tube la quantité dont
le gaz fe dilatoit fous la même preffion, au moyen d'un accroiffement de température indiqué par le thermomètre
plongé dans le fecond bain. Enfin, divifant la dilatation totale par la différence des degrés de température des deux
bains, nous avons trouvé de combien le gaz mis en expérience, fe dilate par degrés d'accroiffement de température.

En faifant cette expérience pour l'air atmofphérique &
pour l'air inflammable dégagé par la diffolution du fer dans
l'acide vitriolique, nous avons trouvé que fous une même
preffion, & par degrés d'un thermomètre divifé en 80
parties depuis la glace fondante jufqu'à l'eau bouillante,

l'air atmofphérique fe dilate de $\frac{1}{184,83}$ de fon volume,

& que l'air inflammable fe dilate de $\frac{1}{181,02}$.

D'après cela, nous avons été en état de corriger dans nos expériences, les erreurs introduites par les différences de températures ; quant à celles qui proviennent des différences dans les poids de l'atmofphère, nous les avons corrigées, d'après la loi que les fluides élaftiques font tous fenfiblement compreffibles en raifon inverfe des poids comprimans.

Le tableau fuivant préfente les réfultats de nos expériences fur les diffolutions de différens fers ; chacune d'elles a été faite fur 100 grains de métal ; les volumes de gaz inflammables font exprimés en onces mefures, c'eft-à-dire, en volumes d'une once d'eau diftillée. La première colonne préfente ces volumes, tels qu'ils ont été obfervés immédiatement, & dans la quatrième nous les avons réduits à la température de 12 degrés, & à la preffion de 28 pouces de mercure.

T A B L E A U

Des volumes d'air inflammable que dégagent les différens fers par leur diffolution dans l'acide vitriolique affoibli.

QUALITÉS DES FERS.	ONCES mef. obfervées immédiatem.	HAUTEUR du Baromètre.	HAUT. du Thermom.	ONCES mefures réduites.
	onces.	pouc. lig.	degrés.	degrés.
. Fonte grife de Guérigny, en très-petits morceaux ; diffolution rapide....	$69\frac{4}{5}$.	28. $4\frac{1}{2}$.	$9\frac{2}{3}$.	71,67
.. La même fonte en un feul morceau ; diffolution lente............	$70\frac{1}{5}$.	28. 3	11	71,22
. Le même volume, mefuré 8 jours après.	68	28. $3\frac{3}{4}$.	$7\frac{1}{5}$.	70,58
.. La même fonte en trois morceaux...	$70\frac{1}{2}$.	28. $3\frac{5}{6}$.	$10\frac{4}{5}$.	71,74

Suite du Tableau des volumes d'air inflammabl., &c.

QUALITÉS DES FERS.	ONCES, mef. obfervées immédiatem.	HAUTEUR du Baromètre.		HAUT. du Thermom·	ONCES mefur. réduites
	onces.	pouc.	lig.	degrés.	degrés.
5. Fer forgé, provenant de la fonte précédente	$74\frac{1}{2}$.	28.	$4\frac{1}{2}$.	$10\frac{1}{5}$.	76,2
6. Acier provenant de ce fer, cémenté par nous-mêmes, en trois morceaux...	$71\frac{2}{3}$.	28.	$3\frac{3}{4}$.	$8\frac{1}{10}$.	74,0
7. Le même acier en très-petits morceaux.	$72\frac{1}{3}$.	28.	$3\frac{5}{6}$.	$9\frac{1}{5}$.	74,1
8. Fer de Suède, très-malléable	79	27.	11	14	77,9
9. Acier provenant de ce fer, cémenté par nous-mêmes	74	27.	11	14	72,9
10. Fonte très-grife des canons du fourneau de la Platinerie, pays de Liége...	$74\frac{1}{3}$.	27.	$11\frac{1}{3}$.	9	75,4
11. Fer provenant de cette fonte, mais un peu rouillé	$75\frac{1}{3}$.	28.	$2\frac{1}{3}$.	$14\frac{4}{5}$.	74,5
12. Fonte grife de Couvin, pays de Liége, diffolution rapide	$68\frac{2}{3}$.	28.	$1\frac{1}{2}$.	$15\frac{4}{5}$.	67,5
13. Même fonte, diffolution lente	$73\frac{1}{3}$.	28.	$1\frac{2}{3}$.	$16\frac{2}{3}$.	71,9
14. Fer forgé provenant de cette fonte...	77	28.	$1\frac{1}{2}$.	$15\frac{4}{5}$.	75,7
15. Acier provenant de ce fer cémenté par nous-mêmes, & qui avoit une petite rofe au centre	$74\frac{4}{5}$.	28.	$2\frac{1}{3}$.	$14\frac{4}{5}$.	74,1
16. Fer forgé de Montcenis en Bourgogne, & qui contenoit de la plombagine..	$75\frac{2}{3}$.	28.	$2\frac{1}{3}$.	$14\frac{1}{3}$.	75,2
17. Fonte blanche de Huttenberg	$60\frac{1}{3}$.	28.	5	$13\frac{4}{5}$.	60,6
18. *Idem.* de Wolfsberg	60	28.	5	14	60,2
19. *Idem.* de Eifenertz	66	28.	5	$13\frac{4}{5}$.	66,3
20. Fonte très-blanche, fournie par un marchand de fer qui ne favoit pas de quel fourneau elle venoit	59	28.	5	$13\frac{1}{5}$.	59,4
21. Autre morceau, *idem*	$60\frac{1}{2}$.	28.	3	$12\frac{4}{5}$.	59,77

(39)

En comparant entr'eux les réfultats que préfente ce tableau, on voit :

1.° Que les fontes donnent toutes en général moins d'air inflammable par la diffolution dans l'acide vitriolique que le fer doux, ce qui indique qu'elles ne font pas autant dépouillées que ce dernier métal de la bafe de l'air déphlogiftiqué, c'eft-à-dire, que leur réduction n'eft pas auffi avancée que celle du fer forgé.

2.° Que les fontes blanches dégagent généralement moins d'air inflammable que les fontes grifes : les premières, en effet, n'en donnent que depuis $59\frac{1}{2}$ mefures jufqu'à $66\frac{1}{3}$, tandis que les dernières en fourniffent depuis $67\frac{1}{2}$ jufqu'à $75\frac{1}{2}$; ce qui prouve que dans la fonte grife que l'on obtient en forçant les dofes de charbon dans la charge du fourneau, & en augmentant le vent des foufflets, la réduction eft plus avancée qu'elle ne l'eft dans la fonte blanche, pour laquelle la température dans le fourneau a été moins élevée, & la quantité de charbon réducteur moins grande.

3.° Que les volumes d'air inflammable dégagé par les différens fers forgés, font fujets à de moindres variations ; que cependant on obferve entr'eux des inégalités affez grandes. Le fer de Suède, qui, de tous ceux que nous avons employés, étoit le plus malléable, le plus flexible & le mieux affiné, eft auffi celui qui donne le plus d'air inflammable, qui par conféquent eft le plus privé de la bafe de l'air déphlogiftiqué, & dont enfin la réduction approche le plus d'être complète.

Mais on voit auffi dans le tableau précédent, que l'acier donne toujours moins de gaz inflammable que le fer forgé dont il a été formé par cémentation. Quoique la différence de ces produits foit moindre que celle qui a été obfervée par M. Bergman, ce qui vient principalement de ce que ce chimifte, dans la mefure des volumes des gaz, n'a pas tenu compte des changemens de température, ni des variations du poids de l'atmofphère ; néanmoins cette différence, qui pour le fer de Suède eft de $\frac{1}{16}$, & qui peut

varier fuivant le degré de l'affinage du fer, & fuivant celui
de la cémentation de l'acier, étoit encore trop grande pour
qu'elle pût être entièrement attribuée à l'excès de matière
métallique qui fe trouve dans le fer, puifque, d'après nos
propres expériences, cet excès n'eft pour le fer de Suède
que de $\frac{1}{152}$. Ainfi, pour connoître parfaitement l'efpèce d'altération que le fer forgé éprouve pour fe convertir en acier,
il reftoit à découvrir pourquoi la différence entre les volumes d'air inflammable que donnent le fer & l'acier, peut
être dix fois plus grande que la différence entre les poids
de matière métallique que contiennent ces deux fubftances.

En diffolvant les différens fers dans les acides, M. Bergman
avoit trouvé que la fonte & l'acier donnoient un réfidu noir
affez abondant, de la nature de la plombagine; & que dans
le cas du fer doux, ce réfidu étoit beaucoup moindre &
prefque nul. Il étoit bien probable que cette poudre noire
qui fe trouve dans l'acier & qu'on ne rencontre pas dans
le fer forgé, n'étoit autre chofe que le charbon qui avoit
été abforbé par le fer dans la cémentation, & qui, n'étant
pas foluble dans les acides, devoit refter après la diffolution.
Nous avons eu auffi de femblables réfidus dans les diffolutions de la fonte & de l'acier : cette poudre étoit très-
abondante vers le milieu de la diffolution; alors elle fur-
nageoit & donnoit lieu à une efpèce de mouffe noire; mais
parce que nos diffolutions étoient faites à chaud, à mefure
qu'elles continuoient, la matière noire diminuoit de quantité, pour difparoître enfin complétement, avant que les
dernières parcelles du métal fuffent entièrement diffoutes.
Nous nous fommes enfuite affurés par des expériences
directes, que cette matière eft infoluble dans l'acide vitriolique, même en ébullition; il falloit donc qu'elle fe fût
diffoute dans l'air inflammable.

M. Berthollet avoit déjà fait voir que le charbon étoit
diffoluble dans ce fluide élaftique; nous foupçonnames dès-
lors que par cette diffolution, l'air inflammable fe contractoit
& diminuoit de volume, & que c'étoit vraifemblablement

à

à caufe de cette contraction, que l'air inflammable qu'on retire de la diffolution du fer dans l'acide vitriolique, eft toujours près de deux fois moins léger que celui qu'on obtient directement par la décompofition de l'eau. Ce foupçon a été vérifié par les expériences que M. Berthollet avoit faites en particulier, & dont il avoit rendu compte à l'Académie. Il avoit fait voir, 1.° que l'air inflammable qui a été à portée de diffoudre du charbon, & dont la pefanteur fpécifique eft plus grande, exige beaucoup plus d'air déphlogiftiqué pour fa combuftion, que s'il étoit pur; 2.° qu'en eftimant le volume de la portion de l'air déphlogiftiqué, employé à la combuftion de la matière charbonneufe, par le volume de l'air fixe qui réfulte de cette combuftion, le refte de l'air déphlogiftiqué devoit être regardé comme employé à la combuftion de l'air inflammable; & c'eft en eftimant par ce refte le volume qu'auroit eu l'air inflammable, s'il avoit été pur, que nous avons trouvé ce volume beaucoup plus grand que celui de l'air inflammable employé.

Ainfi lorfque l'air inflammable diffout du charbon, ce qui augmente fon poids total de tout le charbon diffous, fa pefanteur fpécifique augmente pour deux caufes, 1.° à caufe que la maffe augmente; 2.° à caufe que fon volume devient moindre.

Nous fommes donc en état actuellement d'expliquer pourquoi l'acier, à poids égal, donne un volume moindre d'air inflammable que le fer doux, par fa diffolution dans l'acide vitriolique. 1.° Puifqu'il contient du charbon qui n'eft pas dans le fer, il s'enfuit qu'à poids égal, il contient moins de matière métallique; il doit donc décompofer moins d'eau pour fe calciner au point néceffaire à la diffolution, & par-là donner moins d'air inflammable. 2.° L'air inflammable qu'il produit fe trouve en contact avec plus de charbon que celui qui réfulte de la diffolution du fer, il diffout davantage de cette fubftance combuftible, & par-là fon volume diminue en même temps que fa maffe augmente.

F

D'après cela, nous croyons pouvoir conclure & par la ſynthèſe & par l'analyſe, que l'acier de cémentation ne diffère du fer doux dont il provient, que par le charbon que ce dernier métal abſorbe pendant la cémentation; car 1.° lorſque le cément eſt du charbon pur, & que le fer ne peut abſorber d'autres ſubſtances que du charbon, ce métal ſe convertit en acier d'excellente qualité: 2.° les analyſes du fer & de l'acier ne diffèrent entr'elles que par une poudre noire qu'on retire du ſecond & qu'on ne rencontre pas dans le premier, du moins en quantité auſſi abondante; & cette poudre noire, lorſqu'elle eſt entièrement dépouillée de fer, n'eſt que du charbon, puiſqu'elle eſt diſſoluble comme le charbon dans l'air inflammable, & que le réſultat de cette diſſolution produit de l'air fixe par ſa combuſtion (a).

Il réſulte de-là que ce n'eſt pas par les volumes de gaz inflammable que le fer & l'acier dégagent quand on les diſſout dans l'acide vitriolique affoibli, qu'il faut juger des quantités d'air déphlogiſtiqué que l'un & l'autre de ces métaux abſorbent pour ſe diſſoudre, ni par le poids des réſidus noirs qui reſtent au fond des diſſolutions, qu'il faut juger de la quantité de matière charbonneuſe que le métal renfermoit; 1.° parce que le réſidu charbonneux eſt diminué de tout celui qui s'eſt combiné avec l'air inflammable; 2.° parce que le volume du gaz inflammable a été contracté par le charbon qu'il a diſſous; en ſorte que le fer contient plus de charbon, & abſorbe plus de gaz déphlogiſtiqué pour ſe diſſoudre, qu'on ne le concluroit immédiatement de nos expériences. Pour arriver à cet égard à des réſultats exacts, il faudroit analyſer les gaz inflammables dégagés par la diſſolution des fers, c'eſt-à-dire, trouver d'abord par la combuſtion la quantité de charbon que chacun

---

(a) M. Rinman avoit obſervé que le gaz inflammable qui provient de la diſſolution de l'acier, donne plus d'air fixe par ſa combuſtion que celui qui réſulte de la diſſolution du fer doux.

(43)

d'eux tient en diffolution, & enfuite rechercher le volume qu'il auroit occupé s'il avoit été pur.

Il n'eft peut-être pas inutile d'obferver ici en paffant, que les recherches précédentes mettent à portée de rendre raifon, du moins en partie, de la perte de poids que l'un de nous a éprouvée dans fes expériences fur la compofition de l'eau ; car le gaz inflammable qu'il a employé, ayant été dégagé par la diffolution du fer dans l'acide vitriolique, ce gaz devoit contenir du charbon, & produire de l'air fixe par fa combuftion ; cet air fixe extrait du récipient au travers de l'eau, a dû fe combiner avec ce liquide, & occafionner une perte de poids qu'il étoit alors impof-fible de foupçonner, & contre laquelle il n'a pas pu fe mettre en garde.

Avant que d'aller plus loin, nous effayerons d'expliquer les principales différences qui fe trouvent entre les pro-priétés du fer & celles de l'acier.

1.º Suivant les obfervations de M. Rinman, les acides tachent en noir la furface de l'acier, & ne produifent pas le même effet fur le fer doux, parce qu'en diffolvant les parties métalliques de l'acier, ils laiffent à découvert le charbon qu'ils ne peuvent pas diffoudre.

2.º À mefure que l'on donne à l'acier des chaudes fuc-ceffives, & qu'on le replie fur lui-même en le forgeant, on altère fes propriétés ; & après un grand nombre de femblables opérations, on parvient à le réduire entièrement en fer doux, parce que le charbon qui eft à la furface fe brûle par fon contact avec l'air atmofphérique, & qu'à force de renouveler les furfaces, on finit par l'enlever prefque entièrement.

3.º Lorfqu'on chauffe fortement de l'acier, & qu'on le fait rougir à blanc, il brûle d'une manière qui n'eft pas la même que celle du fer ; il lance au loin des étin-celles bruyantes qui fe fuccèdent perpétuellement & qui fe divifent en l'air, parce qu'alors le charbon qui entre dans fa compofition, brûlant avec rapidité, produit des petites bouffées fubites d'air fixe, & donne lieu à de petites explofions; ces explofions détachent de la furface du barreau des molécules d'acier qui brûlent en l'air & qui fe divifent par la même raifon.

Après ce qui précède, il feroit prefque inutile de faire obferver que l'acier trop cémenté, qui n'a acquis cette qualité qu'en touchant du charbon par une plus haute température, dont l'augmentation de poids par la cémentation a été plus grande, fur la furface duquel les acides laiffent une tache plus noire, qui, en fe diffolvant dans les acides vitriolique & marin, laiffe un plus grand réfidu de matière noire & infoluble, qui eft plus fufible, qui fe brûle plus facilement à l'air libre, & qui en fe brûlant envoie des étincelles plus nombreufes, &c. n'eft autre chofe que du fer qui par la cémentation a abforbé une dofe de charbon plus grande que celle qu'il doit avoir pour être encore fufceptible de fe fouder à chaud, & de fouffrir le marteau fans fe difperfer en fragmens.

Jufque-là nous n'avions encore trouvé que la théorie de la cémentation, nous ne connoiffions pas encore les caufes de toutes les variétés que l'on obferve dans les fontes. À la vérité nous favions déjà que, non-feulement les fontes blanches, mais encore les fontes grifes peuvent différer entr'elles par le degré auquel eft portée la réduction du métal, puifqu'elles dégagent des quantités différentes de gaz inflammable lorfqu'on les diffout dans les acides; mais il nous reftoit à découvrir les caufes d'un affez grand nombre de propriétés par lefquelles les fontes grifes diffèrent des fontes blanches, & principalement celle de la différence des couleurs que ces deux efpèces de fubftances préfentent à leurs caffures.

Or, nous avons déjà fait remarquer au commencement de ce Mémoire, l'analogie qui fe trouve entre les propriétés de la fonte grife & celles de l'acier. La fonte grife eft tachée en noir par les acides, elle laiffe, comme l'acier, après fa diffolution dans les acides, un réfidu noir, quelquefois même plus abondant; elle brûle à l'air libre en jetant des étincelles; enfin elle eſt ſuſceptible de la trempe. Cette analogie ſeule ſuffiroit pour faire conclure que dans cette ſubſtance, comme dans l'acier, le fer eſt combiné avec une certaine quantité de charbon, quelquefois même en plus grande doſe que dans ce dernier métal; mais ce qui le prouve d'une manière inconteſtable, c'eſt la faculté qu'a la fonte griſe de cémenter & de convertir en acier le fer doux qu'on y plonge lorſqu'elle eſt en fuſion. Indépendamment de l'obſervation journalière que l'on fait de ce phénomène, dans les fourneaux où l'on coule de la fonte griſe, nous avons eu nous-mêmes pluſieurs fois l'occaſion de le vérifier. Toutes les fois que nous faiſions chauffer de la fonte à la forge, les tiſonniers dont nous nous ſervions pour la ramener dans le feu ſe cémentoient dans les parties qui touchoient à la fonte, ils devenoient ſuſceptibles de prendre la trempe, & ils préſentoient, à la caſſure, le grain de l'acier. Nous avons auſſi fait à ce ſujet une expérience directe.

Dans un creuſet particulier, nous avons mis un barreau de fer doux de Guérigny, avec poids égal de fonte griſe provenant de la même forge; nous avions recouvert le tout de verre pilé, qui, en ſe fondant, devoit mettre les deux métaux à l'abri du contaĉt de l'air atmoſphérique. Ce creuſet fut expoſé à l'aĉtion du feu d'un bon fourneau pendant cinq heures; après le refroidiſſement, nous trouvames que la fonte avoit été fondue, qu'elle étoit devenue plus blanche qu'auparavant & qu'elle avoit pris de la duc- tilité: quant au barreau de fer forgé, il avoit conſervé ſa forme, il n'avoit touché la fonte que dans quelques parties de trois de ſes faces, & il ne s'étoit pas même ſoudé par-tout avec elle; mais par-tout où il avoit eu contaĉt avec la fonte, il étoit devenu acier de bonne qualité, tandis que les parties éloignées du contaĉt n'étoient encore que du fer doux.

Il réſulte de-là que dans la fonte griſe, qui peut être

confidérée comme un affez bon cément, & qui a la faculté
de tranfmettre du charbon au fer doux, pour le convertir
en acier, le métal eft uni à une affez forte dofe de charbon
qu'elle a prife dans le haut fourneau. Lorfque la fonte eft
liquide & fuffifamment chaude, ce charbon y eft dans un
véritable état de diffolution, puifqu'il fe trouve diftribué
d'une manière fenfiblement uniforme dans toute la maffe,
malgré la différence des pefanteurs fpécifiques des deux
fubftances; & fur-tout puifqu'il fe porte fur le fer doux
qu'on lui préfente, de même que le fel diffous dans l'eau,
fe partage à l'eau nouvelle qu'on ajoute à la diffolution.
Les fontes qu'on appelle *truitées*, dont la caffure n'eft pas
d'une couleur uniforme, & qui font compofées de fonte
blanche & de fonte plus ou moins grife, font dans cet
état, parce que leur réduction dans le fourneau ne s'eft
pas faite par-tout de la même manière, & parce qu'elles
n'ont pas été tenues affez fluides ou affez long-temps en
fufion, pour que la diffolution du charbon ait pu devenir
uniforme.

Il y a donc deux caufes principales de variétés dans les
fontes; la première eft la quantité de gaz déphlogiftiqué
qui refte unie au métal, & qui dépend du degré auquel la
réduction a été portée dans le fourneau: moins il refte d'air
déphlogiftiqué, plus la fonte approche de la nature du fer
doux; c'eft la bafe du gaz déphlogiftiqué qui rend la fonte
blanche fufible, qui lui donne de la fragilité, & qui lui communique la dureté en vertu de laquelle elle eft intraitable à
l'outil. La feconde caufe de variétés eft la quantité de charbon
que la fonte a pu abforber dans le haut fourneau. C'eft le
charbon combiné avec le fer dans la fonte grife & dans
la fonte noire, qui leur donne leurs couleurs, c'eft lui qui,
à degrés égaux de réduction, les rend généralement plus
fufibles que les fontes blanches; c'eft lui qui forme le réfidu
noir qu'elles laiffent au fond de leurs diffolutions dans les
acides; enfin c'eft lui qui leur donne les caractères principaux de l'acier.

On pourroit objeéter que le charbon contenu dans la
fonte, ayant la faculté de contraéter le gaz inflammable
dans lequel il fe diffout, il feroit poffible d'expliquer par
cela feul la différence que l'on obferve entre les volumes
de gaz inflammable dégagé par la fonte & par le fer dans
leurs diffolutions, fans avoir recours à un défaut de ré-
duétion ; en forte que la fonte ne contiendroit pas effentiellement de l'air déphlogiftiqué, & ne feroit autre chofe
que de l'acier dont la fupercémentation auroit été pouffée
plus ou moins loin. Nous conviendrons, & nous l'avons
déjà dit, que cette obfervation eft une raifon de croire
que la quantité de gaz déphlogiftiqué qui fe trouve encore
dans la fonte grife, n'eft pas tout-à-fait auffi grande qu'on
pourroit le conclure d'après la différence des produits en
gaz inflammable ; mais fi l'on remarque que les fontes les
plus blanches, qui ne contiennent pas fenfiblement de matières charbonneufes, & qui ne laiffent aucun réfidu noir
dans les diffolutions, font précifément celles qui dégagent
le moins de gaz inflammable , on fera forcé d'admettre
que les fontes blanches au moins contiennent déjà de l'air
déphlogiftiqué, en vertu duquel il n'eft pas néceffaire qu'elles
décompofent autant d'eau, & qu'elles dégagent autant de
gaz inflammable pour être rendues folubles dans les acides.

Quant à la fonte grife, on fait que lorfqu'on la tient
en fufion pendant long-temps à une très-haute température,
à l'abri du contaét de l'air atmofphérique, & de toutes
matières qui, en fourniffant de l'air déphlogiftiqué, pour-
oient donner lieu à la combuftion du charbon qui la
rend grife, elle perd quelques-unes des propriétés dont
elle jouiffoit auparavant ; elle devient alors moins aciéreufe,
fa caffure devient plus blanche, elle prend de la duétilité,
& elle approche davantage de la nature du fer forgé, qui
eft infufible à de femblables températures ; tandis que l'acier
de cémentation qui contient pareillement du charbon, peut
foutenir les plus hautes températures, à l'abri du contaét
de l'air atmofphérique, fans éprouver d'altération fenfible.

La fonte grife perd donc dans cette opération, le charbon qu'elle étoit auparavant en état de tranfmettre au fer doux : actuellement, comment le charbon qui eft inaltérable au plus grand feu, pourroit-il difparoître, fur-tout étant déjà combiné avec le fer, s'il ne rencontroit dans la fonte grife un refte d'air déphlogiftiqué capable d'opérer fa combuftion?

Ainfi, la fonte eft un métal dont la réduction plus ou moins avancée, n'eft pas portée affez loin pour que le fer ait de la ductilité; elle peut en outre ou contenir une quantité plus ou moins grande de charbon qu'elle peut avoir abforbé dans le haut fourneau, ou être prefque entièrement privée de cette fubftance : par conféquent l'acier de cémentation qui eft toujours au contraire dans un état de réduction complète, & qui d'ailleurs contient effentiellement du charbon, n'eft pas, comme on l'a cru jufqu'ici, un état du fer, moyen entre la fonte & le fer affiné.

Enfin le fer parfaitement doux, s'il en exiftoit de cette efpèce, feroit un métal pur, entièrement dépouillé & de la bafe du gaz déphlogiftiqué avec laquelle il étoit combiné dans la mine ou dans la fonte, & du charbon qu'il auroit abforbé dans le fourneau pendant la réduction : mais les opérations principales de l'affinage, qui ont toutes pour but de le purger de ces deux fubftances étrangères, ne font pas fufceptibles d'une affez grande précifion pour que cette dépuration puiffe s'exécuter d'une manière complète ; & les meilleurs fers de Suède contiennent toujours des quantités, très-petites à la vérité, d'air déphlogiftiqué & de charbon. En effet, le fer de Suède le mieux affiné contient encore du charbon, car il laiffe toujours un léger réfidu noir au fond de fa diffolution dans les acides ; & il contient de l'air déphlogiftiqué, puifque fi on le cémente avec du charbon pour le convertir en acier, l'acier poule, qui eft le produit immédiat de la cémentation, eft toujours bourfouflé & percé de bulles concaves plus ou moins grandes, au point que pour l'employer enfuite à quelqu'ufage que ce foit, il faut commencer par le forger, l'écrouir au marteau,

rapprocher

rapprocher & fouder enfemble les parties du métal qu'une effervefcence avoit féparées. Cette effervefcence eft évidemment l'effet du dégagement de l'air fixe formé par la combinaifon du charbon du cément avec le peu d'air déphlogiftiqué que retient encore le fer affiné.

Explication des procédés que l'on fuit dans les Forges pour faire paffer le Fer par fes différens états métalliques.

De la Fufion de la Mine.

POUR charger un fourneau, on y jette en même temps par l'ouverture fupérieure, des volumes déterminés de mine, de fondant & de charbon; puis, en vertu de la combuftion qui a lieu au foyer, la furface de la charge s'abaiffe dans le fourneau; & lorfqu'il y a place pour recevoir une nouvelle charge, on répète l'opération. Les dofes des trois fubftances qui compofent pour l'ordinaire une charge, varient, 1.º felon la nature de la mine, 2.º felon l'état du fourneau, 3.º felon les qualités qu'on fe propofe de donner à la fonte. L'objet principal du fondant eft de concourir à la fufion de la gangue, & de faciliter l'accès du charbon à la chaux métallique qu'elle renferme: lorfque la gangue eft filiceufe ou argileufe, le fondant eft ordinairement de la terre calcaire, & alors on lui donne le nom de *caftine*, du mot allemand *calkftein*, qui fignifie *pierre à chaux*. Quand la gangue eft calcaire, on emploie pour fondant de l'argile, & on lui donne le nom d'*arbue*. Enfin il y a quelques mines pour lefquelles on n'emploie aucun fondant, parce que leurs gangues étant compofées de différentes terres, elles font fufibles fans addition.

L'emploi du charbon dans les fourneaux a deux objets diftincts : le premier eft d'exciter par fa combuftion une température affez élevée pour procurer la fufion de la

gangue ; le fecond eft de commencer la réduction de la chaux
métallique, en lui enlevant une partie plus ou moins grande
de l'air déphlogiftiqué qui entre dans fa compofition ; & felon
que le charbon fe partage d'une manière différente pour
remplir ces deux objets, la fonte change de nature. Par
exemple, lorfqu'un fourneau produit de la fonte blanche
dont la réduction eft affez avancée, & dont l'affinage eft par
conféquent facile, fi, fans changer la dofe de charbon dans
la charge, on augmente le vent à la tuyère, foit en donnant
une plus grande ouverture à la bufe, foit en accélérant le jeu
des foufflets, on élève la température du foyer, parce qu'on
donne lieu à la combuftion d'une plus grande quantité de
charbon, & il refte moins de charbon libre qui puiffe fervir
à la réduction de la chaux. Les coulées doivent donc devenir plus abondantes, puifque les charges defcendent plus
vîte ; mais la fonte doit être moins réduite, & fon affinage
qui confifte dans le complément de la réduction, doit être
rendu plus difficile : ainfi en changeant le vent à la tuyère,
il faut changer la dofe de charbon dans la charge.

Si en même temps qu'on donne plus de vent à la tuyère,
on augmente en plus grande proportion la dofe de charbon
dans la charge, non-feulement on pouffe plus loin la réduction métallique, à caufe de la plus grande quantité de charbon libre qu'on a introduite ; mais encore l'affinité du fer
pour le charbon étant augmentée par l'accroiffement de la
température, le métal fe combine avec ce combuftible, il
en entraîne avec lui dans le bain du creufet, & la fonte
qui en réfulte eft grife.

Quoique cette fonte foit en général mieux réduite que
les fontes blanches, cependant fon affinage eft beaucoup
plus difficile que celui de ces dernières, parce qu'alors
l'opération ne confifte pas feulement à achever la réduction,
il faut encore brûler & diffiper tout le charbon combiné
avec la fonte, ce qui exige qu'à l'affinerie la fonte foit
fouvent ramenée au vent des foufflets, & que les furfaces
du contact de l'air avec le métal foient perpétuellement

renouvelées. Auſſi les maîtres de forges coulent toujours
en fonte blanche le fer deſtiné à l'affinage, & ils ne coulent
en fonte griſe que les pièces qui, comme les canons de
la marine & les tuyaux de conduite, doivent avoir un peu
de foupleſſe, & qui doivent être enſuite réparées à l'outil.

On voit donc pourquoi l'on eſt maître de faire à volonté,
avec la même mine, ou de la fonte blanche ou de la fonte
griſe, en variant ſeulement la quantité de charbon dans
les charges & le vent des foufflets. Cependant, ces deux
circonſtances ne ſont pas les ſeules auxquelles il faille avoir
égard lorſqu'on veut obtenir de la fonte griſe; car la combinaiſon du fer avec le charbon exige un certain temps,
les mines très-fuſibles qui coulent très-promptement dans le
creuſet de l'affinerie, ſont très-peu de temps en contact avec
les charbons, & ſont en général moins propres à produire
de la fonte griſe que les mines plus réfractaires.

On concevra peut-être difficilement que la réduction des
chaux métalliques ſe faiſant au moyen du contact des charbons
qui leur enlèvent la baſe de l'air déphlogiſtiqué, la fonte
griſe puiſſe contenir du charbon, & cependant n'être pas
un métal complètement réduit. On pourroit croire que la
réduction ne peut être incomplète que quand la quantité
de charbon n'eſt pas ſuffiſante, & qu'il ne peut reſter de
charbon libre de ſe combiner avec le fer, que quand il n'y a
plus de réduction à opérer. Mais il faut obſerver que, ſur-
tout dans les circonſtances où la fonte eſt griſe, la température du foyer du fourneau au niveau de la tuyère,
eſt beaucoup plus élevée que n'eſt celle du bain métallique
qui eſt au fond du creuſet. Cette température ſeroit capable
d'opérer la réduction complète du métal, & même de donner
lieu à une cémentation outrée, ſi la fonte y étoit expoſée
pendant un temps ſuffiſant ; mais les gouttes qui réſul-
tent de la fuſion de la mine ne l'éprouvent que pendant
l'inſtant qu'elles paſſent devant la tuyère, & cet inſtant eſt
aſſez court : il n'y a donc que la ſurface de ces gouttes qui
puiſſe ſe réduire & abſorber du charbon ; dans l'intérieur

la réduction eſt beaucoup moins avancée, & il n'y a point de charbon combiné. Lorſqu'enſuite ces gouttes tombent dans le bain qui eſt ſous le laitier, & dont la température eſt plus baſſe, elles abandonnent d'abord le charbon abſorbé, dont la plus grande partie reſte difféminée dans le métal; puis par une eſpèce de communication, la réduction ſe diſtribue dans toute la maſſe d'une manière ſenſiblement uniforme, ſans faire de nouveaux progrès, parce que le charbon abandonné n'eſt pas du charbon pur; c'eſt, comme nous le verrons plus tard, de la plombagine dont la combuſtion eſt plus difficile, & qui ne peut opérer la réduction métallique que par une température plus élevée que celle du bain. Au reſte, l'exiſtence du charbon dans la fonte griſe eſt démontrée par les faits, & nous n'avons pour objet dans cette explication, que de faire concevoir comment il peut y être.

M. Bergman a fait ſur la fonte quelques expériences dont les réſultats ont paru extraordinaires, & qui ſont une ſuite naturelle de notre théorie. Par exemple, ce chimiſte, après avoir cémenté 200 liv. de fonte griſe de Hallesfort avec de l'hématite noire, & une autre fois avec de la chaux de fer précipitée du vitriol, & rougie enſuite dans un creuſet, a obtenu deux régules ductiles avec augmentation de poids; dans le premier cas, le régule peſoit 201 $\frac{1}{2}$ liv. & dans le ſecond 206 liv. (*Voyez exp. 9 0, 9 1*). On voit que cette fonte contenoit aſſez de charbon d'abord pour achever la réduction du métal, & enſuite pour réduire une partie de la chaux martiale qui lui ſervoit de cément. Le produit de cette dernière réduction eſt la cauſe de l'excès du poids du régule ſur celui de la fonte employée.

Dans une autre expérience, 200 liv. de fonte de Leufſtad refondues ſans addition dans un creuſet, & pouſſées à un très-grand feu, n'ont donné que 196 liv. de régule, & ce régule étoit de l'acier d'excellente qualité, que les acides tachoient en noir (*voyez exp. 9 7.*). On voit qu'une partie du charbon qui étoit dans la fonte, a été employée à compléter la réduction , & que l'autre n'ayant pu être abforbée par aucune fubftance environnante , eft reftée combinée avec le métal , & lui a donné les caractères de l'acier. Quant à la diminution de poids qu'on obferve dans cette expérience , elle provient du dégagement de l'air fixe formé par la combinaifon d'une partie du charbon avec la bafe de l'air déphlogiftiqué que retenoit encore le métal dans l'état de fonte.

D'après cela il eft facile d'expliquer pourquoi dans les fourneaux de reverbère , quand on refond de vieilles pièces de fonte grife , dont la furface a été ou calcinée par le feu, ou rouillée à l'air libre , le métal fe fond dans l'intérieur des pièces , coule dans le creufet, & donne une fonte plus blanche , tandis que l'extérieur des pièces s'affine , prend l'état pâteux & refte fur l'autel du fourneau en gardant fa forme ; car dans l'intérieur une partie du charbon eft employée à avancer la réduction du métal, ce qui blanchit la fonte ; mais la réduction ne s'achève pas entièrement, parce que le métal coule fur le champ dans le creufet, & ne refte pas affez long-temps expofé à l'action de la chaleur : à la furface des pièces au contraire le métal reçoit un plus grand coup de feu , & fubit d'abord une réduction plus avancée ; enfuite par le contact de la chaux métallique, il perd le refte du charbon qui le rendoit fufible , & l'affinage eft achevé. Le fer affiné qui refte ainfi fur l'autel , fe nomme ordinairement *carcas* , & on peut le porter fous le marteau pour le convertir en barres.

De l'affinage de la Fonte.

Lorfque la fonte eft blanche , & qu'elle ne contient prefque point de matière charbonneufe, l'affinage confifte fimplement à enlever les dernières molécules d'air déphlogiftiqué qui donnent au fer de la fufibilité , & qui lui ôtent fa flexibilité. On remplit cet objet en faifant refondre la gueufe à la forge de l'affinerie , où elle tombe goutte à goutte dans le creuſet, & en agitant enſuite lé bain de fonte pour renouveler ſouvent ſes contacts avec les charbons incandeſcens. Le charbon, en ſe combinant avec la baſe de l'air déphlogiſtiqué de la fonte, fait faire de nouveaux progrès à la réduction qui n'avoit été que commencée dans le fourneau ; le fer ceſſe d'être fuſible à la température qu'il éprouve dans l'affinerie ; il prend l'état pâteux, & il devient en état d'être tiré en barres ſous le marteau.

Si le ringard de fer forgé dont l'affineur ſe ſert pour agiter la fonte & la mettre en contact avec les charbons, reſte quelque temps plongé dans le creuſet, au ſortir du bain, la partie de cet inſtrument qui a été plongée, ſe trouve enveloppée d'un fourreau plus ou moins épais de fonte qui a pris nature ; ce fourreau n'adhère pas au ringard, il peut en être détaché par des chocs, & il eſt ſuſceptible d'extenſion ſous le marteau. Le fer forgé, qui par les mêmes températures a plus d'affinité pour la baſe de l'air déphlogiſtiqué que n'en a la fonte, fait donc ici une partie de l'effet du charbon ; la fonte, en partageant avec lui le reſte de l'air déphlogiſtiqué qu'elle retenoit, éprouve une aſſez grande réduction pour ceſſer d'être fuſible au feu de l'affinerie, & pour acquérir un certain degré de ductilité. On voit donc qu'il n'eſt pas néceſſaire que le fer ſoit parfaitement privé d'air déphlogiſtiqué pour être malléable, & que les fers forgés du commerce peuvent différer entre eux par l'état auquel eſt portée la réduction métallique ; mais les expériences ſur les diſſolutions prouvent que le fer eſt, toutes choſes d'ailleurs égales, d'autant plus ductile, que la réduction approche plus d'être complète ; & que la ſupériorité des fers de Suède vient de ce que dans l'affinage, la réduction du métal a été pouſſée plus loin.

Si l'on conſidère 1.° que les fers forgés contiennent toujours une quantité, très-petite à la vérité, mais plus ou moins grande d'air déphlogiſtiqué ; 2.° que les fontes blanches en contiennent beaucoup davantage, & différent

confidérablement les unes des autres à cét égard ; 3.° que
l'éthiops martial obtenu par M.ʳˢ Lavoifier & Meufnier,
en calcinant du fer au moyen de la vapeur d'eau, eft évidemment un état du fer, moyen entre la fonte blanche &
la chaux; 4.° que les chaux de fer elles-mêmes peuvent
contenir plus ou moins d'air déphlogiftiqué fuivant les circonftances qui ont accompagné la calcination ; on fera forcé
de conclure que le fer eft capable de fe combiner avec la
bafe de l'air déphlogiftiqué en un nombre infini de proportions différentes : non pas que ce métal foit fufceptible de
plufieurs points de faturation pour cette fubftance ; mais
parce que dans chaque circonftance particulière, fon affinité pour la bafe de l'air déphlogiftiqué fe met en équi-
libre avec les forces qui s'oppofent à la combinaifon. Or,
les premières molécules d'air déphlogiftiqué qui s'uniffent
au fer pour commencer la calcination, adhèrent davantage
au métal que celles qui entrent plus tard dans la combinaifon. Donc, lorfqu'il s'agit d'opérer la réduction du
fer, plus cette réduction eft avancée, plus il faut forcer
les circonftances qui la favorifent ; il faut donc alors élever
la température, & employer pour réducteur une fubftance
qui ait plus d'affinité pour l'air déphlogiftiqué, c'eft-à-dire,
dont la combuftion foit plus facile. Ce raifonnement explique & juftifie l'ufage conftant où l'on eft dans les forges
de deftiner le charbon de bois de chêne aux fourneaux,
& de réferver pour les affineries les charbons de hêtre &
d'autres bois blancs qui font plus combuftibles. Car tout
le monde fait que le charbon de hêtre continue de brûler,
& fe réduit en cendres, dans des circonftances par lefquelles
le charbon de chêne s'éteindroit ; ainfi, lorfqu'on l'employe
dans les affineries, il doit faire faire à la réduction des progrès plus rapides, & la porter plus loin que les charbons
de bois durs.

Au contraire, le charbon de terre épuré, auquel on donne
en Angleterre le nom de *coak*, eft d'une combuftion
beaucoup plus difficile que le charbon de bois de chêne ;

il s'éteint dans des circonſtances par leſquelles celui-ci
brûle encore très-bien ; il lui faut un air plus denſe , ou un
vent plus rapide. Auſſi ce charbon qu'on employe avec
ſuccès dans les hauts fourneaux pour commencer la réduction de la mine, & donner de la fonte, n'eſt point propre
à achever la réduction dans les affineries, & à produire du
fer forgé : pour donner lieu à ſa combuſtion rapide , il faut
élever très-haut la température & forcer le vent des ſoufflets;
& parce que ces circonſtances ſont préciſément celles qui
occaſionnent la calcination du fer , lorſqu'on veut affiner
au coak , loin d'avancer la réduction , on calcine preſque
autant de métal qu'on brûle de charbon. De-là vient la
néceſſité où ſe ſont trouvés les Anglois qui n'employent
point de charbon de bois dans leurs forges , d'abandonner
les procédés d'affinage qu'on avoit toujours ſuivis dans les
pays où le charbon de bois eſt à bas prix.

La température néceſſaire pour faire prendre nature à la
fonte blanche par le contact du charbon de bois , c'eſt-à-
dire, pour la réduire au point d'être ductile & extenſible ſous
le marteau, eſt plus baſſe que celle qui eſt capable de la
faire entrer en fuſion. En effet, dans certaines forges on
ne ſuit pas pour l'affinage du fer le procédé que nous avons
décrit ; on commence par couler la fonte en plaques minces,
enſuite on les ſtratifie avec du charbon de bois , & on en
compoſe un fourneau que l'on recouvre de terre ou de
laitier, à-peu-près comme ceux où l'on cuit le charbon.
Enſuite on allume le fourneau par une cheminée que l'on
a pratiquée au centre , & le feu ſe communique de proche
en proche à tout le charbon de la maſſe, qui étant privé
du contact de l'air atmoſphérique, ne peut brûler qu'en
enlevant à la fonte une partie de l'air déphlogiſtiqué qu'elle
contient, & en avançant la réduction : au bout d'un certain
temps, plus ou moins long ſuivant l'épaiſſeur des plaques,
le métal eſt affiné, ſans que les plaques qui ont conſervé leur
forme , ſoient entrées en fuſion ; c'eſt ce qu'on appelle
mazer. Si l'on interrompt l'opération avant qu'elle ſoit

achevée, & qu'après avoir fait refroidir les plaques, on les caſſe, il eſt facile de diſtinguer à la caſſure les parties de fer qui ſont près de la ſurface de la plaque, & qui ont pris nature, de celles qui ſont au centre de l'épaiſſeur, & qui préſentent encore l'aſpect de la fonte; les premières ſont aſſez réduites pour être tirées en barres, tandis que la ré-duction des autres n'a pas reçu d'accroiſſement.

On ſent que l'opération du *mazage*, telle que nous venons de la décrire, ne peut pas fournir immédiatement un fer très-affiné & très-ductile; il faudroit enſuite faire éprouver au fourneau un coup de feu plus grand & ſoutenu pendant quelque temps, pour donner lieu à une réduction plus complète, ſans cependant atteindre la température propre à la cémentation, parce qu'alors on convertiroit le fer en acier. On remplit à peu-près ce but dans les forges où l'on maze, en portant les plaques mazées à une chaufferie pour les convertir en loupes; car elles y éprouvent une tem-pérature beaucoup plus haute que celle du fourneau de ma-zage, & le contact des charbons porte leur réduction à un point ſuffiſant pour l'uſage.

Juſqu'ici nous n'avons parlé que de l'affinage de la fonte blanche. Pour la fonte griſe, l'opération ne conſiſte pas ſeule-ment à dépouiller le fer de l'air déphlogiſtiqué qui pendant la fuſion a réſiſté à l'action des charbons; il faut encore lui enlever le charbon même avec lequel il s'eſt combiné dans le haut fourneau; & cette ſeconde partie de l'affinage eſt en général beaucoup plus difficile que la première. Lorſque la fonte eſt peu griſe, c'eſt-à-dire, lorſqu'elle contient peu de matière charbonneuſe, on employe ordinairement deux moyens pour lui enlever cette ſubſtance étrangère: le pre-mier eſt d'exciter une température plus haute en augmen-tant le vent des ſoufflets de l'affinerie, & d'opérer la com-buſtion du charbon contenu dans la fonte, par l'air dé-phlogiſtiqué qu'elle retenoit; le ſecond eſt de ramener la fonte perpétuellement au vent des ſoufflets, & d'occaſionner par-là la combuſtion de la matière charbonneuſe. Dans

H

certaines forges, on remplit ce dernier objet en introduifant dans le bain de l'affinerie le jet d'air des foufflets ; ce jet en agitant la fonte , & en renouvelant perpétuellement fon contact avec l'air atmofphérique, donne lieu à la combuftion du charbon qui la rendoit grife.

Ces deux moyens font très-foibles , & quoiqu'on ait coutume de les employer en même temps , l'affinage eft toujours très-lent & très-difpendieux. En effet il eft d'abord très-difficile d'élever affez la température du bain de l'affi-nerie , pour que l'air déphlogiftiqué & le charbon qui font contenus dans la fonte puiffent fe combiner & abandonner le métal ; en fecond lieu , l'état dans lequel le charbon fe trouve dans la fonte , & dont nous parlerons plus tard, le rend très-peu combuftible , & en expofant la fonte au vent des foufflets, on calcine beaucoup de métal en même temps qu'on diffipe de la matière charbonneufe, ce qui entraîne une perte de matière.

Mais lorfque la fonte eft très-grife, les difficultés dont nous venons de parler deviennent encore plus grandes, & l'on n'a aucun moyen certain de l'affiner avec bénéfice ; car les pertes occafionnées par la calcination & par la dif-perfion du métal , la dépenfe du combuftible, & la main-d'œuvre d'une opération qui n'a pour but que de ramener la fonte grife à l'état de fonte blanche , portent trop haut les frais de l'affinage.

Cependant, fi l'on avoit une grande quantité de fonte très-grife , dont on n'eût d'autre emploi à faire que de la convertir en fer forgé, on pourroit fuivre le procédé qui réfulte des expériences 90 & 91 de M. Bergman , & que nous propofons néanmoins avec réferve , parce que nous n'avons pas encore eu occafion de l'exécuter en grand, & de comparer les dépenfes qu'il entraîneroit avec les pro-duits qu'on en obtiendroit. Ce feroit , après avoir coulé la fonte en plaques minces , de la cémenter avec de la chaux martiale ou avec de la mine lavée & pilée, & de donner au fourneau de cémentation un coup de feu très-fort & foutenu affez long - temps ; par - là on acheveroit de réduire le métal aux dépens d'une partie de charbon qu'il renferme , & le refte du charbon feroit employé à réduire une partie du cément, en forte que le réfultat de l'opération feroit du fer parfaitement affiné , & dont le poids excéderoit celui de la fonte employée. A la vérité, les frais de cette cémentation feroient confidérables, fur-tout, fi le combuftible n'étoit pas à bas prix; mais ils pourroient être compenfés, 1.° parce que le poids du fer forgé égaleroit au moins celui de la fonte, tandis que dans les affineries les mieux montées , il faut 1350 liv. de fonte pour produire un mille de fer forgé ; 2.° parce qu'on feroit difpenfé du feu d'affinerie, & qu'on n'auroit plus befoin que d'un feu de chaufferie pour cingler les barres.

Au refte , le parti le plus avantageux que l'on pourroit tirer d'une grande quantité de fonte très-grife , ne feroit pas de la convertir en fer forgé , mais d'en faire de l'acier, en fuppofant néanmoins qu'elle ne contînt ni fydérite , ni métaux étrangers. Pour cela, d'après l'expérience 90 de M. Bergman , il faudroit l'expofer au feu de cémentation dans des caiffes clofes & fans cément ; une partie du charbon contenu dans la fonte ferviroit à compléter la réduction du métal ; l'autre, en reftant difféminée dans la maffe , la convertiroit en acier, dont la qualité dépendroit enfuite de la dofe de charbon dont la combuftion n'auroit pas été opérée.

De la Cémentation du Fer doux.

Il nous refte peu de chofes à dire de la cémentation, fur laquelle nous fommes entrés dans d'affez grands détails. Nous avons vu que le charbon étoit la feule fubftance , qui combinée en certaine dofe avec le fer doux , eût la faculté de communiquer à ce métal la propriété de fe durcir à la trempe; que pour que cette combinaifon fe fît au degré convenable , il falloit que le fer éprouvât dans

H ij

la cémentation une certaine température qui le mît en état d'abforber une fuffifante quantité de charbon , & que cette température fût foutenue pendant un temps fuffifant , afin que la cémentation pût s'opérer jufqu'au centre des barres. Si l'on veut donc avoir de l'acier de cémentation , qui foit fufceptible de fe forger commodément & de fe fouder , il eft très-important d'atteindre la température par laquelle le fer pourra abforber la quantité de charbon néceffaire , & de ne pas l'outre-paffer , parce qu'alors l'acier feroit trop cémenté & qu'il ne pourroit pas fe forger.

Ce n'eft pas que l'acier trop cémenté & rendu fufible par une trop grande dofe de charbon , ne foit peut-être plus propre à plufieurs objets , que l'acier fufceptible d'être forgé , car , par la fufion , le charbon fe diftribue dans toute la maffe d'une manière plus uniforme , & l'on n'eft pas expofé à trouver dans fon intérieur des parties trop rapprochées de la nature du fer , & qui ne foient pas capables de prendre la trempe , ou qui la prennent moins bien.

L'ufage de cette matière a été reftreint jufqu'à préfent , principalement 1.° parce qu'on ne pouvoit l'employer que pour des objets coulés & jetés en moule; 2.° parce que, étant fufible , & n'étant pas en état d'être écrouie fous le marteau , il eft impoffible par les moyens ordinaires de rapprocher les parties que l'effervefcence de la cémentation avoit écartées , & de faire difparoître les bulles & les chambres qui fe trouvent fouvent dans fon intérieur. Mais ce qu'on ne peut pas faire par le choc , on pourroit vraifemblablement l'exécuter par des preffions telles que celles du balancier des monnoies; du moins il eft bien probable que c'eft par quelqu'opération analogue que l'on fabrique des outils d'acier , tels que des cylindres de laminoir dont la dureté après la trempe eft très-grande & dont le grain eft parfaitement uniforme dans toute la maffe.

Au refte , l'acier trop cémenté étant plus combuftible à l'air libre que le fer , & même que l'acier ordinaire , fi l'on

veut lui conferver fes propriétés, il faut, toutes les fois
qu'on le chauffe ou qu'on le fait fondre, le garantir exactement du contact de l'air atmofphérique, parce qu'alors fon
excès de charbon fe confumeroit dans tous les contacts avec
l'air, & que fa fubftance deviendroit moins uniforme.

Dans certaines forges, par exemple, dans celles de la
Carinthie, on convertit à volonté la même fonte grife en
fer doux ou en acier, & les procédés qu'on fuit pour l'un
& l'autre de ces deux objets, font parfaitement d'accord
avec la théorie que nous avons expofée. Dans les deux
cas, on coule la fonte dans un grand creufet, puis en
jetant de l'eau froide fur le métal en fufion, on en durcit
la furface, & on enlève une première plaque mince ; on
refroidit de nouveau la furface du bain, pour enlever
une feconde plaque, & en continuant l'opération, on parvient à convertir en plaques, la plus grande partie de la
coulée. Cela fait, pour avoir de l'acier, on fait fondre ces
plaques à l'affinerie où elles éprouvent un coup de feu violent & long-temps foutenu, & on les garantit du contact
de l'air par une couche de laitier fuffifamment épaiffe.
Pour avoir du fer doux, on commence par faire fubir aux
plaques un long grillage, & l'on a foin de renouveler l'air
par le moyen de deux foufflets; & enfuite on porte à l'affinerie le réfultat de l'opération, pour le traiter comme
dans les forges ordinaires.

Ainfi, pour convertir en acier la fonte grife, il fuffit de
la chauffer fortement à l'abri du contact de l'air; par-là une
portion du charbon qui étoit dans la fonte, eft employée
à achever la réduction, & l'autre portion qui refte combinée, donne au métal les qualités de l'acier. Dans la
feconde opération, au contraire, le grillage à l'air libre con-
fume le charbon qui eft à la furface, & par communication une grande partie de celui qui eft dans l'intérieur ; &
lorfqu'enfuite on porte à l'affinerie le réfultat du grillage,
le peu de charbon qui refte, fuffit à la réduction, & le
métal dépouillé d'air déphlogiftiqué & de charbon, eft du

fer doux. On sent qu'il est avantageux dans ces forges de convertir en plaques toute la fonte; car si l'on veut obtenir du fer, ces plaques se grillent plus facilement à cause de leur peu d'épaisseur, & si l'on veut faire de l'acier, elles sont plutôt fondues, & elles se noyent sous le laitier, avant que le vent du soufflet ait consumé beaucoup du charbon qu'elles contenoient.

Du Charbon considéré dans son état de combinaison avec le fer, & dans l'état où il est au sortir de cette combinaison.

Nous avons vu que le charbon a la faculté de se combiner avec le fer, & que le résultat de cette combinaison doit être regardé comme une véritable dissolution, parce que ces deux substances se distribuent uniformément dans l'intérieur de la masse, malgré la différence de leurs pesanteurs spécifiques, ce qui est le propre des dissolutions, & parce que la fonte & l'acier en fusion transmettent du charbon au fer doux qu'on y plonge. Cette affinité du charbon avec le fer est évidemment variable suivant les températures; car 1.° par les températures ordinaires, ces deux matières n'exercent aucune action l'une sur l'autre, & il faut qu'elles soient chauffées toutes deux jusqu'à un certain point, pour que la dissolution puisse avoir lieu ; 2.° à mesure que l'on élève davantage la température, la dissolution devient plus abondante, ce qui est prouvé par l'excès de charbon que prend le fer quand la température est poussée trop loin dans la cémentation, & par celui que prend la fonte dans le haut fourneau, lorsqu'en employant trop de charbon dans la charge, on excite une trop haute température au foyer. Ainsi le fer est susceptible d'être saturé de charbon, & la quantité de cette dernière substance nécessaire à la saturation, varie selon la température.

Il suit de-là que si la fonte & l'acier fondu sont saturés de matière charbonneuse par une température beaucoup

plus haute que celle qui eft néceffaire à la fufion & qu'on
les laiffe refroidir, le métal dont l'affinité pour le charbon
diminue en même temps que la tempétature baiffe, doit
devenir fuperfaturé & abandonner du charbon, & cette
efpèce de diffolution doit fe troubler; mais l'état du mélange
doit être différent, felon le régime du refroidiffement.

Si le refroidiffement eft conduit d'une manière très-
lente, le métal doit s'épurer, parce que le charbon abandonné a le temps de s'élever à la furface. C'eft à cette
dépuration, comme nous allons le voir dans un moment,
qu'il faut attribuer la plombagine que l'on trouve à la
furface de la fonte grife coulée en groffe maffe, & celle
qui tapiffe ordinairement les cuillères avec lefquelles on
jette cette matière en moule ; mais fi le refroidiffement
eft trop prompt, ce qui arrive le plus ordinairement, le
charbon abandonné eft furpris dans le métal avant qu'il
ait pu s'en dégager, & il fe trouve difféminé dans l'intérieur & non combiné.

Or les affinités de deux fubftances étant toujours réci-
proques, & le fer ayant la faculté de diffoudre du charbon,
le charbon doit être regardé à fon tour comme capable de
retenir du fer; de plus, toutes les fois qu'une précipitation fe fait fans intermède, la fubftance abandonnée eft
toujours faturée du diffolvant; c'eft ainfi que l'air abandonné
par l'eau, en vertu d'une élévation de température ou
d'une diminution de preffion, eft toujours faturé d'eau :
donc le charbon qui avoit été tenu en diffolution dans
du fer coulé & qui a été abandonné en vertu d'un refroidiffement, doit être faturé de fer; ce n'eft plus du charbon
pur, c'eft de la plombagine, c'eft-à-dire, c'eft la même
fubftance que celle dont on fait les crayons d'Angleterre.

En effet, la fubftance qui pendant le refroidiffement
s'élève à la furface de la fonte grife, a tous les caractères
extérieurs de la véritable plombagine; elle en a la couleur,
elle eft douce au toucher comme elle, elle laiffe des traces
fur le papier, & elle fe comporte au feu exactement comme

la plombagine. A la vérité , le plus fouvent on la rencontre en petites lamelles très-minces comme du mica, & non en maffes adhérentes & fufceptibles d'être taillées en crayons, ce qui peut venir des circonftances de la précipitation, & principalement de la promptitude du refroidiffement; mais auffi, quelquefois on la trouve en maffes folides. Nous avons eu occafion d'obferver, en Champagne, les démolitions d'un fourneau où l'on avoit coulé de la fonte grife de bonne qualité, & dont le fer avoit été converti en tôle ; & nous avons trouvé quelques débris des pierres de l'ouvrage, auxquels adhéroient des morceaux maffifs de plombagine de l'épaiffeur de 6 ou 7 lignes & criftallifées d'une manière régulière : malheureufement, il ne nous a pas été poffible de juger de la forme des criftaux, parce que ces morceaux n'avoient pas été ménagés pendant la démolition, & que les criftaux étoient fracturés.

D'ailleurs, toutes les analyfes que M. Bergman a faites du réfidu noir qui fe trouve au fond des diffolutions de la fonte grife & de l'acier dans les acides, prouvent que ce réfidu eft abfolument la même matière que la plombagine ; & toutes celles que M.ᵉˢ Scheele, Hielm & Pelletier ont faites fur la plombagine, prouvent que cette fubftance n'eft autre chofe que du charbon combiné avec une certaine quantité de fer : nous nous contenterons de rapporter ici les principales,

1.° La plombagine eft inaltérable au plus grand feu dans les vaiffeaux clos, & lorfqu'on la calcine fous la mouffle, elle perd les $\frac{9}{10}$ de fon poids, & le réfidu eft une chaux martiale.

2.° Lorfqu'on la fait détoner avec le nitre, elle produit de l'air fixe, & elle donne un réfidu ferrugineux.

3.° Lorfqu'on la diftille avec du fel ammoniac, ce fel fe fublime en fleurs martiales, c'eft-à-dire, en fleurs de fel ammoniac chargé de fer.

4.°

4.° Nous avons fait digérer de l'acide marin très-pur fur de la plombagine; pendant la digeflion, il s'eft dégagé un peu d'air inflammable , il s'eft diffout d'abord les $\frac{3}{100}$ de la matière employée, & la partie diffoute étoit du fer que nous avons précipité en bleu de Pruffe avec de l'eau de chaux Pruffienne, préparée à la manière de M. de Fourcroy; puis, après avoir calciné le réfidu, nous l'avons expofé de nouveau à l'action de l'acide marin, & nous avons encore obtenu du fer; enfin continuant ainfi à favorifer la diffolution du fer par la combuftion du charbon, & à faciliter cette combuftion par la diffolution du métal, nous fommes parvenus à extraire une quantité de fer affez grande, mais qu'il nous a été impoffible de mefurer avec quelque exactitude. L'air inflammable qu'on obtient dans cette fuite d'opérations, eft produit par la diffolution du fer dans l'acide, & prouve que le fer qui conftitue la plombagine eft dans l'état métallique.

Il fuit d'abord de ces expériences, que la plombagine contient du fer ; les fuivantes prouvent enfuite qu'elle contient du charbon.

1.° La plombagine revivifie la litarge & l'acide arfenical, & dans ces deux opérations, il y a de l'air fixe produit.

2.° Diftillée avec des fels vitrioliques, elle produit du foufre.

3.° Avec de l'acide vitriolique feul, elle dégage du gaz acide fulfureux.

4.° Avec de l'acide phofphorique , elle donne du phofphore.

5.° Avec les alkalis cauftiques humides, elle les rend effervefcens.

6.° Enfin avec le nitre ammoniacal, elle décompofe l'acide, & enfuite l'alkali volatil dégagé fait effervefcence avec les acides.

I

Nous avons répété & vérifié le plus grand nombre de ces expériences , & nous en avons fait une autre dont nous croyons devoir rendre compte.

Nous avons placé de la plombagine en poudre fur une petite foucoupe dans de l'air déphlogiftiqué , contenu fous un appareil de *Prieftley* par un bocal de verre renverfé , & nous l'avons expofée au foyer de la lentille de Tchirnauhs, qui appartient à l'Académie. La plombagine s'y brûloit très-lentement, & la combuftion donnoit lieu à de petites déflagrations qui difperfoient une partie de la matière. Sur la fin de l'expérience , & lorfque le fluide élaftique contenu dans le bocal étoit devenu beaucoup moins propre à entretenir la combuftion , la plombagine fe convertiffoit à la furface en petits globules, qui dès qu'ils fe touchoient, fe réuniffoient , comme auroient fait deux pareilles maffes de mercure. Nous fommes parvenus de cette manière à former des globules qui avoient plus d'une ligne de diamètre. Enfin , nous avons ceffé l'opération , lorfque la combuftion a refufé de continuer faute d'air déphlogiftiqué. Huit jours après , nous avons trouvé que les $\frac{5}{6}$ du fluide élaftique avoient été abforbés par l'eau de l'appareil ; c'étoit l'air fixe qui réfultoit de la combuftion de la partie charbonneufe de la plombagine ; l'autre $\frac{1}{6}$ étoit inflammable comme le gaz qui fe dégage , lorfqu'on diftille du charbon humide, cet air inflammable réfultoit de la décompofition de l'eau que le fer & le charbon avoient opérée fur la fin , & lorfque l'air déphlogiftiqué étoit trop épuifé pour entretenir leur combuftion. Quant aux globules, nous avons trouvé qu'ils étoient beaucoup plus durs que la plombagine ; leur furface étoit vitreufe , ils ne laiffoient point de traces fur le papier, & ils n'étoient point attirables à l'aimant ; par la digeftion dans l'acide marin ils ont abandonné une grande quantité de fer , & ils ont laiffé un réfidu pareil à celui que donne ordinairement la fonte grife & l'acier dans la même circonftance. Ces globules n'étoient donc que le réfidu ferrugineux qui avoit été calciné, puis vitrifié par la chaleur du foyer, & qui avoit retenu une portion de la plombagine non brûlée avec laquelle il avoit été en contact.

Il résulte de toutes ces expériences que ce n'est pas par accident, comme l'ont cru quelques auteurs, que la plombagine dont on fait les crayons d'Angleterre, contient à peu-près $\frac{1}{10}$ de fer; sans ce métal, la plombagine ne seroit autre chose que de la matière charbonneuse pure, & l'on doit regarder cette substance comme du charbon saturé de fer; enfin, ce qui prouve que le fer y est dans un véritable état de combinaison, c'est que la plombagine, lorsqu'elle est pure, n'est pas attirable à l'aimant.

Nous croyons donc être en état de conclure, 1.° que la plombagine est une substance que nous pouvons composer, & qui, se composant en effet tous les jours dans les hauts fourneaux où l'on coule de la fonte grise, vient nager à la surface du métal en fusion lorsque ce métal en se refroidissant abandonne l'excès du charbon qu'il ne peut retenir en dissolution. Dans cette espèce de dépuration, le charbon entraîne tout le fer qu'il peut retenir à son tour, & la plombagine est formée *(b)*.

(b) Le fer n'est peut-être pas le seul métal avec lequel le charbon ait la faculté de se combiner en nature. L'un de nous (M. Berthollet) avoit déjà remarqué que lorsqu'on fait détoner plusieurs substances métalliques, on obtient un peu d'air fixe. M. de Lassone avoit aussi observé, 1.° que quand on calcine du zinc avec de l'alkali caustique, il se produit un peu d'air inflammable, & que l'alkali devient effervescent; 2.° que quand on fait dissoudre ce métal dans l'alkali-volatil aéré, il se dégage aussi de l'air inflammable, & que la dissolution laisse un résidu noir.

Ces résultats annoncent bien que le zinc peut contenir du charbon; mais nous avons voulu nous en assurer par nous-mêmes & répéter l'expérience de M. de Lassone. Pour cela, nous avons fait dissoudre dans de l'alkali aéré deux onces de limaille de zinc qui nous ont produit 14 grains $\frac{1}{2}$ de résidu noirâtre; nous avons ensuite fait détoner le résidu avec du nitre, & nous en avons obtenu de l'air fixe; ce qui restoit dans la cornue, étant d'un vert jaunâtre & bordé d'un cercle violet à sa surface, contenoit de la manganèze; mais nous nous sommes assurés qu'il contenoit aussi

2.° Que dans la fonte & l'acier refroidis, il y a vraisem-blablement du charbon combiné; mais qu'il y en a auſſi une grande quantité qui étant abandonnée par le refroi-diſſement, eſt diſſéminée dans la maſſe, & non combinée. Ce n'eſt pas du charbon pur, c'eſt de la plombagine à la-quelle la promptitude du refroidiſſement & l'état pâteux du métal n'a pas permis de ſe raſſembler à la ſurface.

Ainſi, la fonte griſe & l'acier, ſur-tout celui qui eſt trop cémenté, ne peuvent pas être regardés comme des ſubſtances homogènes; ils ſont l'un & l'autre le réſultat de diſſolutions qui ſe ſont troublées par un premier refroidiſſement, & qui ſe ſont durcies enſuite par un refroidiſſement plus grand.

L'adhérence qu'ont l'un pour l'autre, le fer & le charbon qui entrent dans la compoſition de la plombagine, empêche que cette ſubſtance ne ſoit auſſi combuſtible que le charbon libre de toutes combinaiſons. Elle exige une plus haute température pour brûler, & il faut pour la faire détoner une plus grande quantité de nitre que pour pareil poids de charbon; non, comme le penſe M. Schéele, que la plombagine contienne plus de phlogiſtique que le charbon, mais parce que la combuſtion de cette ſubſtance étant très-difficile, les parties qui, dans la détonation, ne ſont pas placées dans des circonſtances très-favorables, ne ſe brûlent point. Auſſi, d'après l'obſervation de M. Schéele lui-même, le fluide élaſtique dégagé par la détonation

---

du fer, par la diſſolution dans l'acide marin, & par la précipitation en bleu de Pruſſe.

Ainſi, le zinc dont nous nous ſommes ſervis, & qui paroiſſoit aſſez pur, contenoit une petite quantité de charbon, de manganèze & de fer.

Actuellement, il s'agiroit de ſavoir s'il eſt néceſſaire que le charbon ſoit uni au fer, & ſous la forme de plombagine, pour ſe combiner avec le zinc & avec quelques autres métaux; ou bien s'il peut ſe diſſoudre dans ces ſubſtances ſans l'intermède du fer : dans ce dernier cas, il ſeroit poſſible qu'en ſortant de la combi-naiſon, le charbon entraînât une certaine portion du métal, ce qui conſtitueroit autant de plombagines différentes, qu'il y auroit de métaux avec leſquels le charbon pourroit ſe combiner; mais l'expérience ne nous a pas encore mis à portée de vérifier cette conjecture.

de la plombagine, n'eſt pas de l'air fixe pur, il contient encore une grande quantité d'air déphlogiſtiqué qui n'a pas été employé.

RÉCAPITULATION.

Le fer coulé doit être regardé comme un régule dont la réduction eſt incomplète, c'eſt-à-dire, qui conſerve encore une portion de la baſe de l'air déphlogiſtiqué; 1.° parce que cette ſubſtance métallique, pour ſe diſſoudre dans les acides vitriolique & marin, dégage moins d'air inflammable, décompoſe moins d'eau, & abſorbe moins d'air déphlogiſtiqué que le fer doux pour le même objet, ce qui prouve qu'il contient déjà une portion de l'air déphlogiſtiqué, néceſſaire à la diſſolution; 2.° parce qu'en vertu de la température ſeule, la fonte, ſur-tout lorſqu'elle eſt griſe, s'affine & blanchit ſans addition & ſans le contact de l'air, ce qui ne pourroit avoir lieu, ſi elle ne contenoit de l'air déphlogiſtiqué, au moyen duquel s'opère la combuſtion du charbon qui la rend griſe.

De plus la fonte, ſur-tout lorſqu'elle eſt griſe ou noire, contient du charbon qu'elle a abſorbé en nature, ce qui eſt prouvé 1.° par la faculté qu'elle a de cémenter le fer doux & de lui tranſmettre aſſez de charbon pour le convertir en véritable acier; 2.° par le réſidu noir qu'on trouve toujours au fond des diſſolutions dans l'acide vitriolique, lorſque la diſſolution eſt faite à froid, réſidu qui, comme le charbon, ſe diſſout à chaud dans l'air inflammable & donne de l'air fixe par ſa combuſtion. C'eſt à la plus ou moins grande quantité de matière charbonneuſe que la fonte doit les différentes couleurs qu'elle préſente à ſa caſſure, & qu'on eſt maître de lui donner en variant les doſes de charbon dans la charge du fourneau.

L'acier de cémentation n'eſt autre choſe que du fer réduit le mieux qu'il eſt poſſible, & combiné d'ailleurs avec une certaine doſe de charbon en nature. L'exiſtence du charbon dans l'acier nous paroît prouvée, 1.° par l'augmentation du poids du fer, lorfqu'on le cémente dans le charbon pur & dégazé ; 2.° par le réfidu charbonneux que l'acier qui réfulte de cette cémentation laiffe au fond de la diffolution dans les acides, & qui comme celui de la fonte fe diffout à chaud dans l'air inflammable, & donne enfuite de l'air fixe par fa combuftion. Quant à la réduction métallique, ce qui prouve qu'elle eft pouffée plus loin dans l'acier de cémentation que dans le fer doux, ce font les bulles qu'on obferve dans l'acier poule, & qui ne peuvent venir que de l'air fixe formé par la combinaifon du charbon avec l'air déphlogiftiqué qui étoit encore dans le fer.

L'acier trop cémenté ne diffère du précédent que par une plus grande quantité de matière charbonneufe abforbée, ce qui eft prouvé par une plus grande augmentation de poids dans la cémentation, par un plus grand réfidu noir dans les diffolutions, & principalement parce qu'on ne donné au fer cette qualité qu'en forçant les circonftances qui favorifent la cémentation, telles que font la température & la durée.

Le fer parfaitement doux feroit un régule dans le plus grand état de pureté; mais le fer le plus doux du commerce contient toujours 1.° un peu de charbon, ce qui eft prouvé par un léger réfidu noir dans les diffolutions; 2.° un peu d'air déphlogiftiqué, qui, fe dégageant pendant la cémentation, produit de l'air fixe, & forme les bulles qu'on rencontre toujours dans l'acier poule, provenant du fer même le plus doux : d'ailleurs, les variations qu'on obferve dans les volumes de gaz inflammable produit par les diffolutions des différens fers forgés, prouvent que la réduction métallique n'y eft pas toujours portée au même point.

Enfin le charbon, après avoir été tenu en diffolution par la fonte ou par l'acier dans l'état de fufion, & fe trouvant abandonné par le métal au moment du refroidiffement, fort de la combinaifon en retenant tout le fer qui peut lui refter uni. Ce charbon faturé de fer, eft alors de la plombagine qui fe fépare du métal, & qui, lorfque le refroidiffement eft lent, vient nager à la furface, où on peut la recueillir en nature; mais lorfque le refroidiffement eft rapide, & que l'état pâteux du métal s'oppofe à cette dépuration, la plombagine abandonnée refte difféminée dans la maffe, & lui communique les qualités aciereufes. Ainfi, dans l'état de refroidiffement, l'acier doit être confidéré comme le réfultat d'une diffolution troublée; & le charbon qu'il contient ayant été d'abord tenu en diffolution, puis abandonné en vertu du refroidiffement, n'eft autre chofe que de la plombagine très-divifée, éparfe & non combinée.

F I N.

A PARIS, DE L'IMPRIMERIE ROYALE. 1788.

www.ingramcontent.com/pod-product-compliance
Ingram Content Group UK Ltd.
Pitfield, Milton Keynes, MK11 3LW, UK
UKHW020032100726
13658UKWH00003B/1261